QUICK
START
KUBERNETES

Kubernetes
快速入门

[英] 奈吉尔·波尔顿（Nigel Poulton）◎ 著
苏格 ◎ 译

人民邮电出版社
北　京

图书在版编目（ＣＩＰ）数据

Kubernetes快速入门 / （英）奈吉尔·波尔顿
(Nigel Poulton) 著；苏格译. -- 北京：人民邮电出
版社，2022.2
书名原文：Quick Start Kubernetes
ISBN 978-7-115-57884-6

Ⅰ．①K⋯ Ⅱ．①奈⋯ ②苏⋯ Ⅲ．①Linux操作系统
—程序设计 Ⅳ．①TP316.85

中国版本图书馆CIP数据核字(2021)第230018号

◆ 著　　　　[英] 奈吉尔·波尔顿（Nigel Poulton）
　　译　　　　苏　格
　　责任编辑　杨海玲
　　责任印制　王　郁　焦志炜
◆ 人民邮电出版社出版发行　北京市丰台区成寿寺路 11 号
　　邮编　100164　电子邮件　315@ptpress.com.cn
　　网址　https://www.ptpress.com.cn
　　大厂回族自治县聚鑫印刷有限责任公司印刷
◆ 开本：880×1230　1/32
　　印张：4.125　　　　　　　2022 年 2 月第 1 版
　　字数：85 千字　　　　　　2022 年 2 月河北第 1 次印刷
　　　　著作权合同登记号　图字：01-2021-4979 号

定价：59.00 元
读者服务热线：**(010)81055410**　印装质量热线：**(010)81055316**
反盗版热线：**(010)81055315**
广告经营许可证：京东市监广登字 20170147 号

内容提要

本书是 Kubernetes 的快速入门指南，共分为 10 章，涵盖 Kubernetes 的基础知识，并附带配套案例，介绍 Kubernetes 是什么，为什么需要 Kubernetes，以及 Kubernetes 的发展方向。阅读本书，读者除了能学到 Kubernetes 集群的架构，还能学会如何建立一个集群，将一个应用容器化，然后部署并破坏它，利用 Kubernetes 修复它，对它进行扩缩容，并执行应用的更新。本书还介绍云原生、微服务等术语的含义。

译者序

虽然 Kubernetes 刚刚兴起不久，但它却是谷歌十几年以来大规模应用容器技术的经验积累和升华的重要成果。确切地说，Kubernetes 是谷歌严格保密十几年的秘密武器 Borg 的一个开源版本。Borg 是谷歌的一个久负盛名的内部使用的大规模集群管理系统，它基于容器技术，目的是实现资源管理的自动化，以及跨多个数据中心资源利用率的最大化。正是因为站在 Borg 这个前辈的肩膀上，汲取了 Borg 过去十几年间的经验与教训，所以 Kubernetes 一经开源就一鸣惊人，并迅速称霸容器领域。

本书作者的写作初衷是带着读者边做边学，掌握 Kubernetes 最核心的知识，包括使用 Kubernetes 建立集群、进行容器化应用的部署、扩缩容等。对想要快速掌握 Kubernetes 基础知识的读者而言，本书会是一个不错的起点。

书中所涉及的部分专业术语与概念尚无公认的中文译法，因此我较多地参考了网络上和研究论文中常用的译法，若读者阅读过程中有理解起来比较吃力的术语，可根据原词确认其原始词意。在翻译过程中，虽然我力求准确地反映原著内容，但由于水平有限，如有错漏之处，恳请读者批评指正。

　　最后要感谢人民邮电出版社的编辑和校对人员，他们为保证本书的质量做了大量的编辑和校正工作，在此深表谢意。

苏格

2021 年 8 月

前言

这是一本 Kubernetes 的快速入门指南。本书并不试图涵盖关于 Kubernetes 的一切，只是尽可能清晰地以一种引人入胜的方式介绍 Kubernetes 核心和重要的部分。同时，本书将理论和实践完美结合，向读者展示 Kubernetes 的基础知识。

目标读者

本书的目标读者是任何需要快速掌握 Kubernetes 基础知识并喜欢边做边学的人。

如果你是一位开发者，需要明确容器和 Kubernetes 的含义，本书很适合你。如果你专门研究 VMware、网络、存储、数据库和其他传统信息技术学科，本书也很适合你。另外，需要掌握主要原则并积累一些实践经验的 IT 经理和架构师也可以阅读本书。

主要内容

你将了解为什么需要 Kubernetes、它是什么，以及它的发展方向。你将学习 Kubernetes 集群的架构，构建集群，将应用容器化，部署它，破坏它，再利用 Kubernetes 修复它，对它进行扩缩容，并执行应用的更新。

学习了上述内容，就意味着你已经进入了 Kubernetes 的世界，并准备好进行下一步。由于本书是快速入门指南，因此你将迅速掌握新知识。

本书并不能让你成为专家，但它会开启你成为专家的旅程。

关于大写字母的说明

在本书中，Kubernetes API 对象采用首字母大写的方式。更简单地说，Kubernetes 的特征（feature），如 Pod、Service，都用了首字母大写的方式。

本书尽可能清楚地解释了每一个专业术语。

作者简介

我是 Nigel Poulton（@nigelpoulton）。我住在英国，是一个技术狂，我热衷于与云和容器打交道。

我早期的职业生涯受到了马克·米纳西（Mark Minasi）的 *Mastering Windows Server 2000* 一书的巨大影响。自从读了这本书后，我就想写自己的书，这样我也许就能改变人们的生活，就像马克的书改变了我的生活那样。从那时起，我很幸运地写了几本畅销书，包括《深入浅出 Docker》（*Docker Deep Dive*）和《Kubernetes 修炼手册》（*The Kubernetes Book*）。读者的反馈令我兴奋，让我热衷于接触和帮助尽可能多的人。

我也是 Docker 和 Kubernetes 的畅销视频培训课程的作者。我的视频以其娱乐性而闻名，有时甚至令人捧腹大笑（不是我自夸）。

在我的个人网站上，你还可以找到我所有的书、我的博客、每周通讯，以及我正在做的其他事情。

工作之余，我就是在陪伴家人。我也喜欢美国的肌肉车、打高尔夫球、阅读科幻小说，并且我是桑德兰 AFC 的拥趸。

如果对我的书和视频有什么改进的建议和意见，请随时通过推特、领英或者我的个人网站联系我。

示例应用

这是一本实践性很强的书，它有一个示例应用。

这是一个简单的 Node.js 应用，可在本书的 GitHub 仓库中找到。

即使你不是一个开发者，也不要对应用和 GitHub 感到有压力。本书的重点是 Kubernetes，而不是这个示例应用。另外，在谈论这个示例应用时，本书将用通俗的语言解释一切，你不必知道如何使用 GitHub。

示例应用的代码在 App 文件夹中，包括以下文件。

- app.js：这是示例应用的主文件，它是一个 Node.js 网络应用。

- bootstrap.css：这是示例应用的网页设计模板。

- package.json：这个文件列出了示例应用的所有依赖。

- views：这是一个存放示例应用网页内容的文件夹。

- Dockerfile：这个文件告诉 Docker 如何将示例应用构建成一个容器。

该应用每年至少维护一次，以检查软件包的更新和已知的漏洞。

资源与支持

本书由异步社区出品，社区（https://www.epubit.com/）为您提供相关资源和后续服务。

配套资源

本书提供配套源代码，要获得这一资源，请在异步社区本书页面中单击 配套资源 ，跳转到下载界面，按提示进行操作即可。注意：为保证购书读者的权益，该操作会给出相关提示，要求输入提取码进行验证。

提交勘误

作者和编辑尽最大努力来确保书中内容的准确性，但难免会存在疏漏。欢迎您将发现的问题反馈给我们，帮助我们提升图书的质量。

当您发现错误时，请登录异步社区，按书名搜索，进入本书页面，单击"提交勘误"，输入勘误信息，单击"提交"按钮即可。

本书的作者和编辑会对您提交的勘误进行审核，确认并接受后，您将获赠异步社区的 100 积分。积分可用于在异步社区兑换优惠券、样书或奖品。

扫码关注本书

扫描下方二维码，您将会在异步社区微信服务号中看到本书信息及相关的服务提示。

与我们联系

我们的联系邮箱是 contact@epubit.com.cn。

如果您对本书有任何疑问或建议，请您发邮件给我们，并请在邮件标题中注明本书书名，以便我们更高效地做出反馈。

如果您有兴趣出版图书、录制教学视频，或者参与图书技术审校等工作，可以发邮件给本书的责任编辑（yanghailing@epubit.com.cn）。

如果您来自学校、培训机构或企业，想批量购买本书或异步社区出版的其他图书，也可以发邮件给我们。

如果您在网上发现有针对异步社区出品图书的各种形式的盗

版行为，包括对图书全部或部分内容的非授权传播，请您将怀疑有侵权行为的链接通过邮件发给我们。您的这一举动是对作者权益的保护，也是我们持续为您提供有价值的内容的动力之源。

关于异步社区和异步图书

"异步社区"是人民邮电出版社旗下 IT 专业图书社区，致力于出版精品 IT 技术图书和相关学习产品，为作译者提供优质出版服务。异步社区创办于 2015 年 8 月，提供大量精品 IT 技术图书和电子书，以及高品质技术文章和视频课程。更多详情请访问异步社区官网 https://www.epubit.com。

"异步图书"是由异步社区编辑团队策划出版的精品 IT 专业图书的品牌，依托于人民邮电出版社的计算机图书出版积累和专业编辑团队，相关图书在封面上印有异步图书的 LOGO。异步图书的出版领域包括软件开发、大数据、AI、测试、前端、网络技术等。

异步社区

微信服务号

目录

第 1 章　Kubernetes 简介

本章的目标很简单——尽可能以最清晰的方式描述 Kubernetes。

从本质上说，Kubernetes 是云原生微服务（cloud-native microservice）应用的编排器（orchestrator）。

在上面这么短的一个句子里有这么多让人头痛的流行术语。那么，接下来我先解释一下这些术语：

- 微服务；

- 云原生；

- 编排器。

1.1　微服务

在过去，开发人员构建的是单体应用（monolithic application）。这是比较专业的说法，意思是应用的所有功能都被捆绑在一起作为单个包，如图 1-1 所示。Web 前端、认证、日志生成、数据存储、报表等捆绑在一起，变成一个复杂的应用。它们是紧密耦合的，这意味着如果想改变某一个部分，必须改变每一部分。

举个简单的例子，如果想修补或更新图 1-1 中的应用的报表功能，必须关闭整个应用并修补/升级整个应用。这简直是一场噩梦。像这样的工作需要大量的计划，风险巨大且十分复杂，而且通常需要开发人员经历漫长的等待。

图 1-1

但是，单体应用带来的痛苦还不止于此。如果想对它们的某个部分进行扩缩容，也会带来类似的挑战——对应用的任何一个部件进行扩缩容都意味着对整个应用进行扩缩容。

基本上，应用的每个功能都被作为一个单元捆绑、部署、升级和扩缩容，这显然不是理想的。

注意　我们的这个例子是非常高层次的，并非所有应用都完全像这样交付。但是，这的确曾经是构建、部署和管理应用的普遍模式。

微服务应用采用完全相同的功能集——Web 前端、认证、日志生成、数据存储、报告等，并将每个功能拆分为自己的小型应用。这就是"微服务"这个术语的由来。

微服务应用采用了完全相同的应用功能集，如图 1-2 所示。不同的是，每一个功能部件都是独立开发、独立部署的，它们可以独立地进行更新和扩缩容。但它们协同工作，创造相同的应用体验，这意味着客户和其他应用的用户得到的是相同的体验。

图 1-2

每个功能/微服务通常都是作为容器来开发和部署的。例如，Web 前端微服务会有一个容器镜像，认证微服务会有另一个不同的容器镜像，报告微服务又会再有不同的镜像，等等。

在图 1-2 中，微服务之间都是比较松散的耦合。从技术上讲，每个微服务通常在 IP 网络上暴露一个 API，其他微服务用它来进行连接。这又是一堆术语，总之，允许每个微服务变得更加独立。

除了对微服务进行独立更新和扩缩容的能力，微服务设计模式（design pattern）还使其更适合规模更小、更敏捷、更专业的开发团队，这些团队可以更快地开发和迭代功能。这是基于 Jeff Bezos 提出的两块披萨团队规则（two pizza team rule）——如果你不能用两块披萨养活一个开发团队，那么这个团队就太大了。一般来说，与大团队相比，2 ~ 8 人团队的沟通和合作的职场政治因素会更少，也会更敏捷。

微服务设计模式还有其他优点，但至少你要明白——将功能开发成独立的微服务，可以在不影响应用任何部件的情况下，对它们进行开发、部署、更新、扩缩容等。

但是，微服务并不完美。如果有很多由不同团队管理的移动部件，微服务可能会变得很复杂，这不利于管理。

最后，这两种设计应用的方式——单体与微服务被称为设计模式。微服务设计模式是容器普遍采用的设计模式。

总结一下，微服务应用是由很多小型专用部件组成的，这些部件被松散地耦合在一起，形成一个有用的应用。

1.2 云原生

因为前面已经涵盖了云原生的一些内容，所以现在说起来就比较容易了。

一个云原生应用必须能够：

- 按需扩缩容；

- 自我修复；

- 支持零停机时间滚动更新；

- 可以在任何有 Kubernetes 的地方运行。

这并不是云原生的官方定义，但这样的解释简单易懂。

让我们花点儿时间来定义其中一些流行术语的含义。

按需扩缩容是指应用和相关基础设施根据需求自动扩容和缩容的能力。如果配置正确，Kubernetes 可以在需求增加时自动对应用和基础设施进行扩容，并在需求下降时自动缩容。

这不仅有助于企业对突发变化做出更快速的反应，还能在缩容时帮助降低基础设施的成本。

Kubernetes 还可以自我修复应用和单个微服务，这需要更多关于 Kubernetes 的知识，将会在后面介绍。但现在要知道的是，当用户把一个应用部署到 Kubernetes 时，用户告诉 Kubernetes 这个应用应该是什么样子。例如，每个微服务有多少个实例，应该连接到哪些网络。Kubernetes 将其保存为期望状态（desired state），并监视应用，以确保它始终与期望状态匹配。如果有什么变化，例如，某个实例崩溃，Kubernetes 会注意到这一点，并启动一个副本作为替代，这就是所谓的自我修复。

零停机时间滚动更新只是一种比较专业的说法，意思是可以逐步更新应用的某些部件而无须关闭应用，甚至客户都不会注意到。这是一个非常棒的特性，稍后我们就可以看到它的实际效果。

关于云原生的最后一个兴趣点。云原生应用不是只能在公有云中运行的应用，它可以在任何有 Kubernetes 的地方运行，比如 AWS、Azure、Linode、本地数据中心、树莓派集群……

总之，云原生应用可以自我修复、自动扩缩容，并在不停机的情况下进行更新。它们还可以在任何拥有 Kubernetes 的地方运行。

1.3 编排器

借助一个类比可以更好地解释编排器这个概念。

一个管弦乐队由一群演奏不同乐器的音乐家组成。每位音乐家都可以用不同的乐器，在演奏开始后发挥着不同的作用，乐器包括小提琴、大提琴、竖琴、双簧管、长笛、单簧管、小号、长号、鼓，甚至三角琴。每一个音乐家在管弦乐队中扮演着不同的角色。

在图 1-3 中，每位乐器都是独立的个体，还没有被指定扮演什么样的角色——这简直是一团糟，鼓甚至是上下颠倒的。

一位指挥家拿着乐谱走过来，维持秩序。她把弦乐器都安排到舞台前面，木管乐器安排在中间，铜管乐器安排在后面一点儿，打击乐器安排在后面高一些的地方。她还指挥一切，告诉每组乐器什么时候演奏、演奏多大声以及以什么速度演奏。

简而言之，指挥家将图 1-3 中的混乱情况变得如图 1-4 所示那样井井有条，从而产生美妙的音乐。

图 1-3

图 1-4

云原生微服务应用就像管弦乐队。

每个云原生应用都是由很多小的微服务组成的，它们各司其职：有的服务于 Web 请求，有的用于认证会话，有的进行日志记录，有的用于持久化数据，还有一些生成报告。但就像一个管弦乐队一样，它们需要有人或某种东西将它们组织成一个有用的应用。

由此我们真正走进 Kubernetes 世界。

Kubernetes 将独立的微服务组织成一个有意义的应用，如图 1-5 所示。如前所述，它可以对应用进行扩缩容、自我修复和更新等操作。

图 1-5

总之，编排器（如 Kubernetes）将一组微服务聚集在一起，并将它们组织成一个能创造价值的应用。它还提供并管理云原生功能，如扩缩容、自我修复和更新。

1.4 Kubernetes 的补充知识

"Kubernetes"这个名字来自希腊语，意思是"舵手"，一个航海/航行术语，指掌舵的人，如图 1-6 所示。

图 1-6

船的轮子也称为"舵"，这显然是 Kubernetes 标志（如图 1-7 所示）的由来。

图 1-7

然而，如果仔细观察，你会发现 Kubernetes 的标志有 7 个辐条，而不是通常的 6 个或 8 个。这是因为 Kubernetes 是基于谷歌公司的一个内部工具 Borg 开发的，而创始人想用著名的《星际迷航》中的博格个体"九之七"（Seven of Nine）来命名 Kubernetes。

如果你非常熟悉《星际迷航》就会知道，"九之七"是在星历 25479 年被凯瑟琳·珍妮薇（Kathryn Janeway）舰长指挥的航海家号船员救出的博格个体。遗憾的是，版权法不允许使用这个名字，但创始人希望以某种形式引用 Borg 和《星际迷航》的典故，所以他们赋予了标志 7 个辐条，以这样一种微妙的方式向"九之七"致敬。

你也许看到过 Kubernetes 这个名字被简称为"K8s"，其中的"8"代表 Kubernetes 中"K"和"s"之间的 8 个字符。一般来说，它的发音为"kates"，这也是人们开玩笑说 Kubernetes 的女朋友叫 Kate 的原因。

这些都不会让你更善于部署和管理云原生微服务应用，但这是必不可少的背景知识。

1.5　小结

在本章的开始，我们说 Kubernetes 是云原生微服务应用的编排器。

在消除了专业术语的障碍之后，你知道这句话是说"Kubernetes 运行和管理由小型专用部件组成的应用，这些应用可以自我修复、扩缩容和独立更新，而无须停机。"这些专用部件称为微服务，每个微服务通常部署在自己的容器中。

但是，我们仍然有很多知识需要学习，不能指望现在就完全理解。本书的余下部分将继续解释这些东西，并且我们将通过大量的例子进行实践，从而真正地掌握这些知识。

第 2 章　为什么需要 Kubernetes

我将把本章分为两部分：

- 为什么科技公司需要 Kubernetes；

- 为什么用户社区需要 Kubernetes。

这两点都很重要，解释了 Kubernetes 为何能够长期存在的问题。其中一些观点也会帮助你在开始使用 Kubernetes 时避免潜在的陷阱。

2.1　为什么科技公司需要 Kubernetes

这一切都从 AWS 开始。

在 2000 年中后期，亚马逊向科技行业的后方发射了一枚火箭，世界从此变得不同。

在 2006 年之前，科技行业的状况是大多数科技巨头通过销售服务器、网络交换机、存储阵列、单体应用的许可证和许多其他东西很容易赚钱。后来，亚马逊推出了 AWS，颠覆了他们的世界。这就是现代云计算的诞生。

起初，没有一家大公司把这件事放在心上——大公司都忙于销售自己已经卖了几十年的旧东西来赚钱。事实上，一些科技巨头认为它们可以通过粗暴地散布错误信息来结束 AWS 的威胁。它们一开始就说云不是一个真实的东西。然而，这种说法没起作用，于是它们的态度发生了 360 度的大转变，承认云是真实的，并立即将它们现有的产品重新命名为"云"。这一招也不管用，于是它们开始建立自己的云，从那时起，它们就一直在追赶 AWS 的脚步。

有两件事需要注意。

首先，以上是来自 Nigel 的浓缩版云计算历史。

其次，最初由科技行业传播的错误信息被称为恐惧、不确定性和怀疑（fear uncertainty and doubt，FUD）。

总之，让我们来了解一下更多细节。

一旦 AWS 开始挖走客户和潜在的业务，该行业就需要反击。他们的第一次反击是 OpenStack。长话短说，OpenStack 是一个社区项目，它试图创造一个 AWS 的开源替代品。这是一个宏伟的项目，很多优秀的人为其做出了贡献。但最终它根本没威胁到 AWS——亚马逊有巨大的先发优势，而且做好了充分的准备。OpenStack 很努力，但 AWS 轻松地维护了自己的地位。

因此，这个行业又回到了原点。

在这一切发生的时候，甚至在这之前，谷歌正在使用 Linux 容器来大规模地运行其大部分服务——从人们有记忆以来，谷歌每周都在部署数十亿的容器。用于调度和管理这数十亿容器的是谷歌内部专有的工具，称为 Borg。谷歌毕竟是谷歌，它从 Borg 中吸取了很多教训，并构建了名为 Omega 的新系统。

总之，谷歌公司内部的一些人想利用从 Borg 和 Omega 中吸取的教训，创造出更好的开源工具供社区使用，这就是 Kubernetes 在 2014 年夏天出现的原因。

Kubernetes 不是 Borg 或 Omega 的开源版本。它是一个全新的项目，从头开始构建，是一个开源的容器化应用编排器。它与 Borg 和 Omega 的联系在于，其最初的开发者是参与 Borg 和 Omega 的谷歌员工，而且它是利用从这些谷歌内部专有技术中吸取的经验教训创造出来的。

回到关于 AWS 吃所有人的蛋糕的故事……

2014 年谷歌开源 Kubernetes 的时候，Docker 正在风靡全球。因此，Kubernetes 主要被看作是一个帮助我们管理数量爆炸式增长的容器的工具。这是事实，但这只是这个故事的一半。Kubernetes 在抽象化底层云和服务器基础设施方面也做得很好——基本上将基础设施商品化。

花几秒钟来消化一下最后一句话。

"抽象化和商品化基础设施"是比较专业的说法，意思是 Kubernetes 使用户不必关心应用是在什么云或服务器上运行。事实上，这就是 Kubernetes 是云的操作系统（OS）这一概念的核心所在。因此，就像 Linux 和 Windows 意味着用户不必关心应用是运行在戴

尔、思科、HPE 上还是运行在 Nigel Poulton 服务器上一样，
Kubernetes 意味着用户不必关心应用是运行在 AWS 上还是运行在
Nigel Poulton 云上。

云的抽象化意味着 Kubernetes 为科技行业提供了一个抹去
AWS 价值的机会——只要把应用写到 Kubernetes 上运行，下面是
谁的云就没有区别。多亏有 Kubernetes，竞争环境被拉平了。

这就是每个厂商都对 Kubernetes 情有独钟，并将其置于其产品
的前沿和中心的原因。这为 Kubernetes 创造了一个强大、光明和长
远的未来。反过来，这也为用户社区提供了一匹安全的、不受厂商
影响的"马"，让他们能够把云计算的未来押在上面。

2.2 为什么用户社区需要 Kubernetes

我们刚刚为 Kubernetes 的长远且光明的未来解释了原因——所
有科技巨头都在支持它。事实上，它发展得如此迅速，变得如此重
要，甚至连亚马逊都接受了它。没错，即使是强大的亚马逊和 AWS
也无法忽视 Kubernetes。

不管怎么说，用户社区需要建立在这样的平台上，因为他们知
道这个平台将是一个良好的长期技术投资。从目前的情况来看，
Kubernetes 看起来会和我们在一起很长一段时间。

用户社区需要并喜爱 Kubernetes 的另一个原因是 Kubernetes 作
为云的操作系统的概念。

前面已经说过，Kubernetes 可以抽象出较低层次的本地和云基

础设施，使用户可以编写可在 Kubernetes 上运行的应用，而无须知道背后是哪个云。这带来了一些好处，包括以下几点：

- 可以部署时随时在不同的云间进行切换；

- 可以实现多云；

- 可以更轻松地在云和本地之间过渡。

基本上，为 Kubernetes 编写的应用可以在任何有 Kubernetes 的地方运行。这很像为 Linux 编写的应用——只要你编写的应用能在 Linux 上运行，无论 Linux 是运行在你的超微（Supermicro）服务器上，还是运行在地球另一端的 AWS 云实例上，都没有关系。

所有这些对终端用户来说都是好事。毕竟，谁不想有一个灵活并且很有前景的平台呢？

2.3 小结

在本章中，你了解到科技巨头需要 Kubernetes 来获得成功。这让 Kubernetes 的未来充满希望，使其成为用户和公司寄予希望的安全平台。Kubernetes 也像 Linux 和 Windows 等操作系统一样，对底层基础设施进行了抽象。这就是你会听到它被称为云的操作系统的原因。

第 3 章　Kubernetes 集群构成

前面说过，Kubernetes 是云的操作系统。顾名思义，它位于应用和基础设施之间。Kubernetes 运行在基础设施上，而应用运行在 Kubernetes 上，如图 3-1 所示。

图 3-1

图 3-1 显示了在 4 种不同的基础设施平台上运行的 4 个 Kubernetes 装置。由于 Kubernetes 抽象了底层的基础设施，因此图 3-1 顶部的应用可以在任何一个 Kubernetes 装置上运行，也可以在不同的 Kubernetes 装置之间进行迁移。

我们称一个 Kubernetes 装置为 Kubernetes 集群（cluster）。

关于图 3-1，还有两点需要说明一下。

首先，一个 Kubernetes 集群跨越多种基础设施的情况并不常见。例如，Kubernetes 集群不可能跨越多个云，也不太可能跨越本地和公有云，这主要是受网络速度和可靠性的制约。一般来说，你会希望集群中的节点能通过高速可靠的网络进行连接。

其次，尽管 Kubernetes 可以在许多平台上运行，但在 Kubernetes 上运行的应用有更严格的要求。本章后面可以看到这一点——Windows 应用只能在有 Windows 节点的 Kubernetes 集群上运行，Linux 应用只能在有 Linux 节点的集群上运行，而为 ARM/树莓派编写的应用需要有 ARM 节点的集群。

3.1 主节点与工作节点

一个 Kubernetes 集群是一个或多个安装了 Kubernetes 的机器。这些机器可以是物理服务器、虚拟机（virtual machine，VM）、云实例、笔记本电脑、树莓派等。在这些机器上安装 Kubernetes，并将它们连接在一起，就形成了一个 Kubernetes 集群。然后，就可以将应用部署到集群中。

我们通常把 Kubernetes 集群中的机器称为节点（node）。

说到节点，Kubernetes 集群有两种类型的节点。

- 主节点（master node）；
- 工作节点（worker node）。

主节点托管（host）着控制面板（control plane），工作节点是运行用户应用的地方。

图 3-2 中是一个由 6 个节点组成的 Kubernetes 集群，它有 3 个主节点和 3 个工作节点。推荐的做法是，让主节点只运行控制面板服务（没有用户应用），所有的用户应用都应该在工作节点上运行。

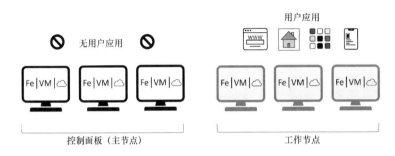

图 3-2

3.2 主节点

主节点承载着控制面板。这是比较专业的说法，意思是主节点是集群的大脑。

考虑到这一点，拥有一个以上主节点以实现高可用性（high availability，HA）是很好的做法。这样一来，如果其中一个出现故障，集群仍然可以继续运行。在一个生产环境的集群中，通常有 3 或 5 个主节点，并且它们分散在不同的故障域中——不要把它们都放在同一个房间里，在同一个有故障的电源上的同一个漏水的空调装置下。

图 3-3 中是一个有 3 个主节点的高可用控制面板，每个主节点都在一个独立的故障域中，有独立的网络基础设施和独立的电力基础设施等。

图 3-3

主节点运行以下服务，它们共同组成了控制面板（集群的大脑）：

- API 服务器（API server）；

- 调度器（scheduler）；

- 存储器（store）；

- 云控制器（cloud controller）；

- ……

API 服务器是 Kubernetes 集群中**唯一**你能够直接交互的部分。你向集群发送的命令会被送到 API 服务器，你收到的响应也都来自 API 服务器。

调度器选择在哪些节点上运行用户应用。

存储器是存储集群和所有应用的状态的地方。

云控制器允许 Kubernetes 与云服务（如存储和负载均衡器）集成。后面几章的实践案例会把云负载均衡器与部署到 Kubernetes 集群的应用整合在一起。

Kubernetes 控制面板中还有更多服务，但上面这些是本书的重要内容。

3.3 工作节点

工作节点运行用户应用，它们可以是 Linux 工作节点或 Windows 工作节点。Linux 工作节点运行 Linux 应用，Windows 工作节点运行 Windows 应用，如图 3-4 所示。

图 3-4

所有工作节点都在运行下列服务，值得了解一下：

- `kubelet`；

- 容器运行时。

`kubelet` 是主 Kubernetes 代理（agent）。它将工作节点加到集群中，并与控制面板进行通信，如接收任务和报告任务的状态。

容器运行时负责启动和停止容器。

注意 Kubernetes 曾经使用 Docker 作为其容器运行时。但是，Kubernetes 1.20 宣布，在未来的 Kubernetes 版本中将放弃对 Docker 容器运行时的支持。尽管 Kubernetes 将停止支持 Docker 作为运行时，但它将继续支持 Docker 创建的镜像。事实上，Docker 和 Kubernetes 都符合容器镜像的开放容器倡议（Open Container Initiative，OCI）标准。简而言之，由 Docker 创建的容器镜像与 Kubernetes 是百分之百兼容的。

3.4　被托管的 Kubernetes

被托管的（hosted）Kubernetes 是指云提供商向你出租一个 Kubernetes 集群，有时我们称其为 Kubernetes 即服务（Kubernetes as a service）。

在后面各章中你将会看到，被托管的 Kubernetes 是获得 Kubernetes 最简单的方法之一。

在托管模式下，云提供商建立了 Kubernetes 集群，拥有控制面板，并负责以下所有事项：

- 控制面板的性能；

- 控制面板的可用性；

- 控制面板的更新。

而你要负责的是以下事项：

- 工作节点；

- 用户应用；

- 支付费用。

被托管的 Kubernetes 的基本架构如图 3-5 所示。

图 3-5

大多数云提供商都有托管的 Kubernetes 服务，下面是一些比较流行的：

- AWS——Elastic Kubernetes Service（EKS）；

- Azure——Azure Kubernetes Service（AKS）；

- DO——Digital Ocean Kubernetes Service（DOKS）；

- GCP——Google Kubernetes Engine（GKE）；

- Linode——Linode Kubernetes Engine（LKE）。

当然，并不止上面列出的这些，而且不是所有的托管的 Kubernetes 服务都是一样的。举个简单的例子，LKE 是配置和使用最简单的一个。然而，它缺乏其他公司提供的一些功能和配置选项。在决定哪一个托管的 Kubernetes 服务最适合你之前，你应该先尝试几个。

3.5　用 kubectl 命令行工具管理 Kubernetes

Kubernetes 集群的大部分日常管理是通过 Kubernetes 命令行工具 kubectl 完成的。它有很多发音方法，但我把它念成"kube see tee ell"。

管理任务包括部署和管理应用，检查集群和应用的健康状况，以及执行对集群和应用的更新。

你可以获得适用于 Linux、macOS、Windows 和各种 ARM/Raspberry Pi 相关的操作系统的 kubectl。

下面的 `kubectl` 命令列出了集群中的所有主节点和工作节点：

```
$ kubectl get nodes
NAME                   STATUS    ROLES                  AGE    VERSION
qsk-book-server-0      Ready     control-plane,master   12s    v1.20.0
qsk-book-agent-2       Ready     <none>                 10s    v1.20.0
qsk-book-agent-0       Ready     <none>                 13s    v1.20.0
qsk-book-agent-1       Ready     <none>                 11s    v1.20.0
```

在后面几章的实践部分，你会运行大量的命令。

3.6　小结

在本章中，你了解到 Kubernetes 集群由主节点和工作节点组成。它们几乎可以在任何地方运行，包括裸机服务器、虚拟机和云中。主节点运行维持集群运行的后端服务，而工作节点则是运行业务应用的地方。

大多数云平台提供托管的 Kubernetes 服务，这让你很容易就能得到一个生产级（production-grade）集群，由云提供商管理性能、可用性和更新，你管理工作节点并支付费用。

你还了解到，`kubectl` 是 Kubernetes 的命令行工具。

第 4 章　获取 Kubernetes

获取 Kubernetes 的方式有很多。从笔记本电脑和家用树莓派集群，一直到云中的高性能高可用集群的所有地方，它都可以运行。

由于这是一本快速入门的书，我将展示两种最简单的获取 Kubernetes 的方法：

- 在笔记本电脑上用 Docker Desktop 获取 Kubernetes；

- 在云上用 Linode Kubernetes Engine（LKE）获取 Kubernetes。

这两个选项中的任何一个都可以让你跟随整本书的动手练习。如果你已经有一个可用的 Kubernetes 集群，那么你应该可以使用它来进行后续操作。

4.1　在笔记本电脑上用 Docker Desktop 获取 Kubernetes

有很多方法可以在笔记本电脑上获取 Kubernetes，但我选择了 Docker Desktop，因为它可能是最简单的，而且会定期更新。其他值得考虑的选择包括 minikube 和 k3d。

4.1.1 用 Docker Desktop 能得到什么

顾名思义，你得到了 Docker。然而，你也得到了一个单节点的 Kubernetes 集群，它非常适合于开发，但你不会想把它用于生产——这基本上可以说是胡闹。你还会得到 Kubernetes 命令行工具（kubectl）。

这套工具意味着你可以使用 Docker 将应用构建为容器镜像，然后将它们部署到经过认证的 Kubernetes 集群。对一个易于下载和使用的免费工具来说，这已经很不错了。

4.1.2 安装 Docker Desktop

你可以在任何安装了 Windows 10 或 macOS 的笔记本电脑上安装 Docker Desktop。你只需进入 Docker 官网，找到下载链接，这是一个需要管理员权限的只要不断按 Next 按钮就可以完成安装的安装程序。

安装完成后，你可能需要手动启动 Kubernetes。通过点击鲸鱼图标（在 macOS 的顶部菜单栏或 Windows 的右下角系统托盘中），选择 Preferences（偏好）→Kubernetes，然后选择 Enable Kubernetes（启用 Kubernetes）复选框来完成，如图 4-1 所示。

一旦安装完毕，它就可以在 macOS 和 Windows 上本地运行 Docker。如果你是一个 Mac 用户，你的单节点 Kubernetes 集群将在一个轻量级虚拟机内运行。如果你是 Windows 10 用户，你可以启用 WSL 2，让你的集群在本地运行。

图 4-1

下面对 Windows 10 上的 Docker Desktop 做一个简短说明。最近版本的 Windows 10 和 Docker Desktop 支持 WSL 2 子系统。WSL 是 Windows Subsystem for Linux 的缩写，这是一种在 Windows 上运行 Linux 软件的巧妙方式。如果提示你启用 WSL 2，请点击"yes"（是），并按照指示操作。

你应该把 Docker Desktop 切换到 **Linux containers**（Linux 容器）模式，以便进行本书后续章节例子的操作。要做到这一点，请用右键单击系统托盘中的 Docker 图标，选择 Switch to Linux containers（切换到 Linux 容器）。这将使你的 Windows 10 机器能够运行 Linux 容器。

你可以从终端运行以下命令来验证安装情况：

```
$ docker --version
Docker version 20.10.0-rc1, build 5cc2396


$ kubectl version -o yaml
```

```
clientVersion:
  <Snip>
  gitVersion: v1.20.0
  major: "1"
  minor: "20"
  platform: darwin/amd64
serverVersion:
  <Snip>
  gitVersion: v1.20.0
  major: "1"
  minor: "20"
  platform: linux/amd64
```

为了便于阅读，部分命令输出已经被剪掉。

此时，你已经安装了 Docker，且有一个单节点的 Kubernetes 集群在你的笔记本电脑上运行，这将让你能够进行本书后续章节例子的操作。

4.2 在云上用 LKE 获取 Kubernetes

正如你所期望的，你可以在每个云上运行 Kubernetes，而且大多数云都提供 Kubernetes 即服务。我选择用 Linode Kubernetes Engine（LKE）作为例子，因为它非常简单，而且可以快速构建 Kubernetes 集群。当然，你也可以用其他基于云的 Kubernetes 集群。

注意 Linode 通常对新客户有优惠。在撰写本书时，新客户可获得 100 美元的免费信贷，可在注册后 3 个月内使用。这对于完成书中所有的例子来说是绰绰有余的。

4.2.1 用 LKE 能得到什么

LKE 是 Linode 提供的一个托管的 Kubernetes 产品。

- 它要花钱（虽然不是很贵）。

- 它很容易设置。

- 控制面板由 Linode 管理，对你是隐藏的。

- 它提供与其他云服务（存储、负载均衡器等）的高级集成。

下面我将展示如何用两个工作节点建立一个 Kubernetes 集群，以及如何获取和配置 Kubernetes 命令行工具（kubectl）。在本书的后面，你将看到如何使用 Kubernetes 来配置和利用 Linode 负载均衡器，并将其与示例应用集成。

4.2.2 获取一个 LKE 集群

使用浏览器打开 Linode 官网并注册一个账户。这是一个简单的过程，但你需要提供账单的详细信息。如果你是要认真学习 Kubernetes 的，尽量不要因为这一点就灰心。只要你记得在使用完后删除你的集群，费用是相当低的。

完成注册以后，登录到 Linode Cloud Console（Linode 云控制台），从左边的导航栏点击 Kubernetes，并选择 Create a Cluster（创建集群）。

选择 Cluster label（集群标记，即集群的名称）、Region
（区域）和 Kubernetes Version（Kubernetes 版本），然后为你
的 Node Pool（节点池）添加两个 Linode 2GB Shared CPU
（Linode 2GB 共享 CPU）实例。这一配置如图 4-2 所示。

图 4-2

请注意右侧显示的潜在成本。

当你确定了自己的配置后，点击 Create Cluster。

建立你的集群可能需要一两分钟。

当它准备好时，控制台会显示你的两个节点为 Running（正
在运行），并会显示它们的 IP 地址。它还会以 URL 格式显示你
的 Kubernetes API Endpoint。

此刻，你的 LKE 集群正在运行一个高性能、高可用的控制面
板，它由 Linode 管理，对你是隐藏的。它也有两个正在运行的工作
节点。这一配置如图 4-3 所示。

图 4-3

为了与集群交互，你需要使用 Kubernetes 的命令行工具。Kubernetes 的命令行工具称为 kubectl，可以通过以下任一方法安装（也有其他安装方法）。

4.2.3 在 macOS 上安装 kubectl

你可能已经通过其他工具（如 Docker Desktop）在系统上安装了 kubectl。在进行下列步骤之前，请在命令行中输入 kubectl 来检查你是否已经安装了 kubectl。

在 macOS 上安装 kubectl 的最简单的方法是使用 Homebrew：

```
$ brew install kubectl
<Snip>

$ kubectl version --client -o yaml
clientVersion:
```

```
<Snip>
major: "1"
minor: "20"
platform: darwin/amd64
```

4.2.4 在 Windows 10 上安装 kubectl

在继续之前，请先在命令行中输入 kubectl，以确保你还没有安装它。

在 Windows 10 中安装 kubectl 的最简单的方法是使用 Chocolatey：

```
> choco install kubernetes-cli

> kubectl version --client -o yaml
clientVersion:
    <Snip>
    major: "1"
    minor: "20"
    platform: windows/amd64
```

如果你不使用 Chocolatey，下面的步骤将使用标准的 PowerShell 工具安装 kubectl：

```
> Install-Script -Name 'install-kubectl' -Scope CurrentUser -Force

> install-kubectl.ps1 -DownloadLocation C:\Users\nigel\bin
```

```
> kubectl version --client -o yaml
clientVersion:
  <Snip>
  major: "1"
  minor: "20"
  platform: windows/amd64
```

请确保将第二条命令中的-DownloadLocation 替换为你机器上的有效下载位置。-DownloadLocation 是 kubectl 将被下载到的地方，它应该在你系统的%PATH%中，否则你应该把它复制到你系统的%PATH%中去。如果你收到一个"command not found"（未找到命令）的错误，请确保 kubectl 存在于你系统环境变量%PATH%所包含的文件夹中。

现在 kubectl 已经安装完毕，进行配置之后即可与你的 Kubernetes 集群交互。

4.2.5 配置 kubectl 与 LKE 集群交互

kubectl 有一个配置文件，用于保存集群信息和证书。在 macOS 和 Windows 上，它都被称为 config，位于以下目录中：

- C:\Users\<username>\.kube（Windows 10）。

- /Users/<username>/.kube（macOS）。

尽管这个文件被称为 config，但我还是把它称为你的 "kubeconfig" 文件。

配置 kubectl 连接到你的 LKE 集群的最简单方法是：

（1）对你的计算机上现有的 kubeconfig 文件做一个备份；

（2）下载并使用你的计算机上的 LKE kubeconfig 文件。

导航到 Linode Cloud Console 的 Kubernetes 区域，即集群列表所在的位置，并点击你的 LKE 集群的 `Download kubeconfig` 链接。找到下载的文件，将其复制到你的主目录中隐藏的 `./kube` 文件夹中，并将其重命名为 `config`。在这样做之前，你必须重命名任何现有的 kubeconfig 文件。

注意　你可能必须配置你的计算机以显示隐藏文件夹。在 macOS 上键入 Command + Shift + 句点。在 Windows 10 上，在 Windows 搜索栏中输入"文件夹"（folder）（在 Windows 标志主按钮旁边），并选择"文件资源管理器"（File Explorer Options）选项。选择"查看"（View）选项卡，点击"显示隐藏文件、文件夹和驱动器"（Show hidden files, folders, and drives）按钮。

一旦 LKE 的 kubeconfig 被下载并复制到正确的位置和名称，kubectl 应该就配置好了。你可以用下面的命令来测试 kubectl 是否配置好了：

```
$ kubectl get nodes
NAME                          STATUS   ROLES    AGE   VERSION
lke16405-20053-5ff63e4400b7   Ready    <none>   12s   v1.20.0
lke16405-20053-5ff63e446413   Ready    <none>   10s   v1.20.0
```

输出展示了一个有两个工作节点的 LKE 集群。你知道这个集群是在 LKE 上的，因为工作节点的名字以 lke 开头。在输出中没有展示托管控制面板的主节点，因为它们是由 LKE 管理的，而且是隐藏的。

此时，你的 LKE 集群已经启动并运行，你可以用它来学习书中的例子。

注意 LKE 是一种云服务，需要付费。当你不再需要集群的时候，一定要删除它。如果忘了这样做，会产生不必要的费用。

4.3 小结

Docker Desktop 是在你的 Windows 10 或 macOS 计算机上获得 Docker 和 Kubernetes 集群的一种好方法。它可以免费下载和使用，并自动安装和配置 kubectl，但不适用于生产环境。

LKE 是一个简单易用的托管的 Kubernetes 服务。Linode 管理集群的控制面板功能，并允许你根据需要调整和指定任意数量的工作节点。它需要你手动更新你的本地 kubeconfig 文件。运行 LKE 集群是要花钱的，所以你应该适当地调整它的规模，并记得在你用完后删除它。

还有很多其他的方式可以获得 Kubernetes，但我们在这里展示的方式足以让你开始学习，并为接下来的例子做好准备。

第 5 章　创建容器化应用

在本章中，你将完成一个将应用构建为容器镜像的典型工作流程。这个过程被称为容器化（containerization），产生的应用被称为容器化应用（containerized app）。

你将使用 Docker 对应用进行容器化（创建容器镜像），这些步骤并不是针对 Kubernetes 的。事实上，你在本章中不会使用 Kubernetes，但本章创建的容器化应用将在后续各章中部署到 Kubernetes。

注意　Kubernetes 已经开始放弃对 Docker 作为其容器运行时的支持。但是，由 Docker 创建的容器化应用在 Kubernetes 中仍然百分之百支持。这是因为 Kubernetes 和 Docker 都使用基于开放容器倡议（OCI）标准的容器镜像。

如果已经熟悉 Docker 和创建容器化应用，你可以跳过本章。Docker Hub 上有一个预先创建的容器化应用，你可以在后续各章中使用。

整个工作流程如图 5-1 所示。我们会涉及步骤 1，但重点是步骤 2 和步骤 3，后面几章将介绍步骤 4。

图 5-1

本章分为以下几部分内容：

● 前提条件；

● 获取应用代码；

● 构建容器镜像；

● 在仓库上托管容器镜像。

5.1 前提条件

要创建本章所述的容器化应用，你需要下面这些东西：

● git 命令行工具；

● Docker；

● 一个 Docker Hub 账户（也就是 Docker ID）。

对于 Docker，我建议你安装 Docker Desktop（第 4 章介绍过安装方法）。

Docker Hub 账户是免费的，去 Docker Hub 官网注册即可。如果你想在后面的步骤中将容器化应用保存到 Docker Hub，就需要一个 Docker Hub 账户。

安装 git

使用下列任何一种方法来安装 git 命令行工具。

1. macOS 用 Homebrew

如果你的 Mac 上有 Homebrew，你可以用以下命令来安装 git：

```
$ brew install git

$ git --version
git version 2.30.0
```

2. Windows 10 用 Chocolatey

如果你的 Windows 机器上有 Chocolatey，你可以用以下命令安装 git 命令行工具：

```
> choco install git.install

> git --version
git version 2.30.0
```

3. macOS 或 Windows 系统用 GitHub Desktop 安装程序

GitHub Desktop 是一个用于在 GitHub 上工作的桌面用户界面，在其官网上有 macOS 和 Windows 版本的安装程序。下载并安装 GitHub Desktop 后，可以用它来安装 git 命令行工具。

用 git --version 命令来验证你的安装。

这些都准备好了以后，你就可以通过以下步骤，把一个示例应用构建成一个容器镜像（容器化应用）：

（1）获取应用代码；

（2）用 Docker 构建容器镜像；

（3）用 Docker 将镜像推送到 Docker Hub（可选）。

5.2 获取应用代码

本书的 GitHub 仓库中包含一个简单的网络应用的代码。使用下面的命令克隆该仓库（clone the repo）到你安装了 Docker 和 git 的计算机上。

> **注意** GitHub 是一个用于托管和合作开发代码的在线平台。托管在 GitHub 上的软件被组织在 repos（仓库）中，而 "克隆仓库" 是在你的本地机器上创建代码副本的技术术语，你将会看到它的实际应用。

运行下面的命令将在你的当前目录下创建一个新文件夹，并将仓库的内容复制到其中：

```
$ git clone https://github.com/nigelpoulton/qsk-book.git
Cloning into 'qsk-book'...
```

现在你就在一个名为 `qsk-book` 的新文件夹中拥有一份该仓库的副本。切换到 `qsk-book` 目录，运行 `ls` 命令列出其内容：

```
$ cd qsk-book

$ ls App
deploy.yml
pod.yml
readme.md
svc-cloud.yml
svc-local.yml
```

App 文件夹是应用的源代码和配置文件所在的地方。进入 App 文件夹，列出它所含的文件：

```
$ cd App

$ ls -l
Dockerfile
app.js
bootstrap.css
package.json
views
```

这些文件构成了应用，了解一下每个文件是件好事。

- `Dockerfile` 实际上并不是应用的一部分，它的内容是一条条 Docker 指令，用于创建容器镜像（容器化应用）。

- `app.js` 是应用的主文件，它是一个 Node.js 应用。

- bootstrap.css 是一个样式表模板，决定应用的网页
  外观。

- package.json 列出了应用的所有依赖。

- views 是一个包含 HTML 的文件夹，用于填充应用的网页。

在应用的容器化方面，最核心的文件是 Dockerfile，它包含了
Docker 用于将应用构建为一个容器镜像的指令。这个示例的
Dockerfile 文件很简单，如下面的代码所示：

```
FROM node:current-slim
LABEL MAINTAINER=nigelpoulton@hotmail.com
COPY . /src
RUN cd /src; npm install
EXPOSE 8080
CMD cd /src && node ./app.js
```

下面说明一下每一行的作用。

- FROM 指令告诉 Docker 我们要使用 node:current-slim
  镜像作为新应用的基础镜像。应用需要一个操作系统来运
  行，而这个基础镜像就提供了操作系统环境。

- COPY 指令告诉 Docker 将应用和依赖从当前目录（用英文
  句号"."表示）复制到上一步拉取的 node:current-slim
  镜像中的 /src 目录。

- RUN 指令告诉 Docker 从 /src 目录中运行 npm install
  命令，这将安装 package.json 中列出的依赖。

- EXPOSE 指令列出了应用要监听的网络端口，这也是在主 app.json 文件中指定的。

- CMD 指令是 Kubernetes 启动容器时将运行的主应用进程。

综上所述，Dockerfile 的作用是将我们的应用容器化。以 node:currentslim 镜像为基础，复制我们的应用代码，安装依赖，记录网络端口，并设置应用运行。

一旦你克隆了仓库，就该构建容器镜像了。

5.3 构建容器镜像

将应用构建成容器镜像的过程称为容器化。当这个过程完成后，应用就称为容器化的。因此，我们将互换使用容器镜像（container image）和容器化应用（containerized app）这两个术语。

使用下面的 docker image build 命令，将应用容器化。

- 在 ../qsk-book/App 目录下运行该命令。

- 用你自己的 Docker Hub ID 代替 nigelpoulton。

- 在命令的结尾处包括句号（.）。

```
$ docker image build -t nigelpoulton/qsk-book:1.0 .

[+] Building 66.9s (8/8) FINISHED                      0.1s
<Snip>
=> naming to docker.io/nigelpoulton/qsk-book:1.0       0.0s
```

请确认新的容器镜像存在于你的本地机器上。你生成的镜像名称可能不同，且输出结果可能显示不止一个镜像：

```
$ docker image ls
REPOSITORY              TAG   IMAGE ID     CREATED        SIZE
nigelpoulton/qsk-book   1.0   e4477597d5e4 3 minutes ago 177MB
```

如果你正在运行 Docker Desktop，可能会看到多个标有"k8s.gcr..."的镜像。这些是在运行本地的 Docker Desktop Kubernetes 集群。

现在，你已经成功地将应用容器化，下一步是将其托管在一个中心化的仓库。

5.4　在仓库上托管容器镜像

本节是可选内容，如果你想跟着做，需要注册一个 Docker Hub 账户。如果你不打算读完本节的内容，也可以在后面的步骤中使用公开可用的 nigelpoulton/qsk-book:1.0 镜像。

有许多镜像仓库可用，但我们将使用 Docker Hub，因为它是最流行和最容易使用的。请浏览其网站了解一下。

使用下面的命令来推送你的新镜像到 Docker Hub：

```
$ docker image push nigelpoulton/qsk-book:1.0

f4576e76ed1: Pushed
```

```
ca60f24a8154: Pushed
0dcc3a6346bc: Mounted from library/node
6f2e5c7a8f99: Mounted from library/node
6752c6e5a2a1: Mounted from library/node
79c320b5a45c: Mounted from library/node
e4b1e8d0745b: Mounted from library/node
1.0: digest: sha256:7c593...7198f1 size: 1787
```

记住，用你自己的 Docker Hub ID 代替 `nigelpoulton`。如果你没有替换，操作会失败，因为你没有推送镜像到我的仓库的权限。

访问 Docker Hub，确保该镜像存在，如图 5-2 所示。

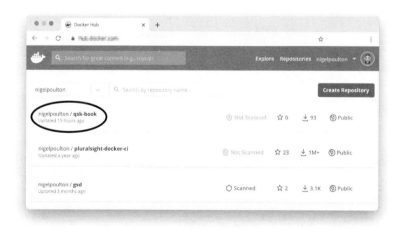

图 5-2

现在，你已经将应用容器化为一个容器镜像，并将其推送到了 Docker Hub 仓库。下一步就是把它部署到 Kubernetes。

5.5 小结

在本章中，你了解到容器化的应用是指被构建在容器镜像中的应用。

你用 `git` 克隆了本书的 GitHub 仓库，然后用 Docker 将应用容器化并推送到 Docker Hub。

第 6 章　在 Kubernetes 上运行应用

在本章中，你将把一个简单的容器化应用部署到 Kubernetes 集群上。

你需要一个 Kubernetes 集群才能跟着做接下来的事情。如果你不记得如何创建，请回顾第 3 章的内容。如果你在 Windows 10 上使用 Docker Desktop，应该在 **Linux containers** 模式下运行（用鼠标右键点击系统托盘中的 Docker 图标，选择 Switch to Linux containers）。

如果你是顺序阅读的，没有跳过任何内容，你应该已经部署了第 5 章中创建并容器化的应用。如果你跳过了第 5 章也不用担心，你可以使用 Docker Hub 上公开的副本。

下面是我们在本章中要做的事情：

- 验证 Kubernetes 集群；

- 将应用部署到 Kubernetes 上；

● 连接到应用。

6.1 验证 Kubernetes 集群

你需要 `kubectl` 命令行工具和一个工作中的 Kubernetes 集群来完成这些步骤。

运行下面的命令来验证你已经连接到你的 Kubernetes 集群,并确认你的集群正在运行。

Docker Desktop 的例子如下:

```
$ kubectl get nodes
NAME              STATUS    ROLES     AGE       VERSION
docker-desktop    Ready     master    21h       v1.19.3
```

注意,Docker Desktop 集群只在一个输出行返回一个节点,这是因为它是一个单节点集群。在这个配置中,由单个节点同时充当主节点和工作节点。除此之外,重点在于 `kubectl` 可以与你的集群进行通信,而且所有节点都显示为 `Ready`(就绪)。

Linode Kubernetes Engine(LKE)的例子如下:

```
$ kubectl get nodes
NAME                           STATUS   ROLES    AGE   VERSION
lke16405-20053-5ff63e4400b7    Ready    <none>   5m    v1.18.8
lke16405-20053-5ff63e446413    Ready    <none>   5m    v1.18.8
```

这一命令返回的节点数量取决于你向集群添加了多少个工作节点。主节点不会在输出中返回,因为它们由云平台管理,是隐藏的。你可以确定你是在与一个 LKE 集群进行通信,因为节点名称以 lke 开头。所有工作节点都应该处于 Ready 状态。

如果 kubectl 连接到错误的集群/节点,并且你正在运行 Docker Desktop,你可以点击任务栏中的 Docker 图标,选择正确的集群,如图 6-1 所示。

图 6-1

如果你没有使用 Docker Desktop,并且 kubectl 连接到了错误的集群,你可以通过以下步骤来修改。

列出你的 kubeconfig 文件中定义的所有上下文:

```
$ kubectl config get-contexts
CURRENT    NAME        CLUSTER        AUTHINFO
```

docker-desktop	docker-desktop	docker-desktop
k3d-qsk-book	k3d-qsk-book	admin@k3d-qsk-book
* lke16516-ctx	lke16516	lke16516-admin

　　输出显示列出了 3 个上下文，当前上下文设置为 lke16516-ctx。

　　下面的命令切换到 docker-desktop 上下文（你可能需要切换到其他上下文）：

```
$ kubectl config use-context docker-desktop
Switched to context "docker-desktop".
```

　　只要 kubectl get nodes 命令返回正确的工作节点，并将它们列为 Ready，你就可以继续进行下一节的学习。

6.2　将应用部署到 Kubernetes 上

　　在第 5 章中，你将一个 Node.js 网络应用容器化为一个容器镜像，并将其存储在 Docker Hub 上。接下来你将会看到如何将该应用部署到 Kubernetes 上。

　　尽管 Kubernetes 可以编排和运行容器，但这些容器必须被包装在一个叫 Pod 的 Kubernetes 结构中。

　　Pod 是一个围绕容器的轻量级包装器。事实上，我们有时会互换使用容器和 Pod 这两个术语。现在，你只需要知道 Kubernetes 在

Pod 中运行容器——就像 VMware 在虚拟机中运行应用一样，Kubernetes 在 Pod 中运行容器化的应用。

注意 关于 Pod 的详细讨论，请参见《Kubernetes 修炼手册》（同样由 Nigel Poulton 撰写）。

6.2.1 Kubernetes Pod 的定义

你要部署的 Pod 是在一个叫 `pod.yml` 的 YAML 文件中定义的，该文件位于本书的 GitHub 仓库根目录下。你可以给这个文件起任何名字，但其内容的结构要严格遵循 YAML 规则。YAML 是常用于配置文件的语言，它对缩进的正确使用非常严格。

```
apiVersion: v1
kind: Pod
metadata:
  name: first-pod
  labels:
    project: qsk-book
spec:
  containers:
  - name: web
    image: nigelpoulton/qsk-book:1.0
    ports:
    - containerPort: 8080
```

让我们浏览一下这个文件，了解它所定义的内容。

`apiVersion` 和 `kind` 行告诉 Kubernetes 正在部署的对象的

版本和类型。在这个示例中，是 v1 API 中定义的 Pod 对象。抛开术语，其实就是告诉 Kubernetes 根据 Pod 规范的第 1 版（v1）来部署 Pod。

metadata 部分列出了 Pod 名称和一个标记。名称可以帮助我们在 Pod 运行时识别和管理它。标记（project:qsk-book）对于组织 Pod 和将它们与其他对象（如负载均衡器）联系起来非常有用。我们将在后面看到标记的作用。

spec 部分指定了这个 Pod 将执行的容器，以及运行它的端口。注意，这个 Pod 将运行你在第 5 章中容器化的应用（nigelpoulton/qsk-book:1.0 镜像）。

图 6-2 展示了 Pod 是如何包装容器的。记住，这个 Pod 包装器是容器在 Kubernetes 上运行所必需的，它非常轻量级，因为只需添加元数据。

图 6-2

6.2.2　部署应用（Pod）

你要部署的应用在一个名为 `first-pod` 的 Pod 中，定义在一个名为 `pod.yml` 的 YAML 文件中。最简单的部署方法是使用 `kubectl` 将 YAML 文件发到 Kubernetes。

运行以下命令，列出可能已经在你的集群上运行的任何 Pod（如果你正在使用一个新的集群，如第 3 章所述，你将没有任何正在运行的 Pod）：

```
$ kubectl get pods
No resources found in default namespace.
```

用以下命令部署名为 `first-pod` 的 Pod，并验证该操作：

```
$ kubectl apply -f pod.yml
pod/first-pod created

$ kubectl get pods
NAME            READY       STATUS      RESTARTS      AGE
first-pod       1/1         Running     0             8s
```

第一条命令必须从你的计算机上有 `pod.yml` 文件的目录中执行。这是本书的 GitHub 仓库根目录。如果你目前在 App 目录下（用 `pwd` 检查），你需要用 "cd.." 命令后退到上一级目录。

祝贺你，应用已经在 Kubernetes 上运行了！

`kubectl apply` 命令让你指定一个文件（`-f`）发送给

Kubernetes API 服务器。Kubernetes 将把 Pod 的定义存储在集群存储中，调度器将找到工作节点来运行该文件中定义的内容。

如果你在第一条命令后过早地运行了第二条命令，Pod 可能还没有达到 Running 状态。

kubectl 提供了 get 和 describe 两个命令来探测对象的配置和状态。你已经看到，kubectl get 提供了简短的摘要信息。下面的示例表明，kubectl describe 会返回更多的细节。

```
$ kubectl describe pod first-pod

Name:           first-pod
Namespace:      default
Node:           docker-desktop/192.168.65.3
Labels:         project=qsk-book
Status:         Running
IPs:
  IP:   10.1.0.11
Containers:
  web-ctr:
    Image:      nigelpoulton/qsk-book:1.0
    Port:       8080/TCP
    State:      Running
    <Snip>
Conditions:
  Type          Status
  Initialized   True
  Ready         True
  ContainersReady   True
  PodScheduled  True
```

```
Events:
  Type      Reason      Age      From      Message
  ----      ------      ----     ----      -------
  <Snip>
  Normal    Created     6m29s    kubelet   Created container web-ctr
  Normal    Started     6m29s    kubelet   Started container web-ctr
```

　　尽管 Pod 已经启动，应用正在运行，但 Kubernetes 还有一个提供连通性的对象。

6.3　连接到应用

　　连接到应用需要一个单独的对象，称为 Service（服务）。

　　注意　"对象"是一个技术术语，用于描述在 Kubernetes 上运行的东西。你已经部署了一个 Pod 对象。你即将部署一个 Service 对象，以提供与运行在 Pod 中的应用的连通性。

6.3.1　Kubernetes 的 Service 的定义

　　svc-local.yml 文件定义了一个 Service 对象，如果是运行在 Docker Desktop 或其他非云的本地集群上，就可以用它来提供连接。svc-cloud.yml 文件定义了一个 Service 对象，以便在你的集群在云中时提供连接（如果你建立了一个 LKE 集群，如第 3 章所示，就使用这个）。

下面列出了 `svc-cloud.yml` 文件的内容：

```
apiVersion: v1
kind: Service
metadata:
  name: cloud-lb
spec:
  type: LoadBalancer
  ports:
  - port: 80
    targetPort: 8080
  selector:
    project: qsk-book
```

让我们来看一下它。

前两行与 `pod.yml` 文件相似。它们告诉 Kubernetes 使用 v1 规范来部署 Service 对象。

`metadata` 部分将该 Service 命名为"cloud-lb"。

`spec` 部分是这个文件的神奇之处。`spec.type:LoadBalancer` 字段告诉 Kubernetes 在底层云平台上配置一个面向互联网的负载均衡器。例如，如果你的集群在 AWS 上运行，该 Service 将自动配置 AWS 网络负载均衡器（Network Load Balancer，NLB）或经典负载均衡器（Classic Load Balancer，CLB）。`spec` 部分将在底层云上配置一个面向互联网的负载均衡器，该负载均衡器将在 80 端口接收流量，并在转发到任何带有 `project: qsk-book` 标记的 Pod 的 8080 端口。

svc-local.yml 文件定义了一个 NodePort Service 而不是一个 LoadBalancer Service。这是因为 Docker Desktop 和其他基于笔记本电脑的集群无法访问面向互联网的负载均衡器。

6.3.2　关于标记的简要说明

你可能记得不久前我说过 Kubernetes 使用标记来关联对象。那么，仔细看看 pod.yml 和 svc-cloud.yml 这两个文件，注意它们都是如何引用 project: qsk-book 标记的，如图 6-3 所示。

图 6-3

Pod 携带该标记，而 Service 对象使用它来做出选择。这种组合允许该 Service 将流量转发到集群上携带该标记的所有 Pod。Kubernetes 可以保持所有携带该标记的 Pod 的最新列表，并实时更新。

目前，你只有一个携带该标记的 Pod。然而，如果你添加了更多带有该标记的 Pod，Kubernetes 会注意到并开始将流量转发到它们，你会在第 7 章的实践过程中看到这一点。

6.3.3 部署 Service

和 Pod 一样，你可以用 `kubectl apply` 部署 Service 对象。

之前我提到过，本书的 GitHub 仓库有两个 Service。

- `svc-cloud.yml` 是用于基于云的集群的。我们把这个文件创建出来的 Service 对象叫作 "LoadBalancer Service"。

- `svc-local.yml` 用于不在云上运行的集群，如 Docker Desktop。我们把这个文件创建出来的 Service 对象称为 "NodePort Service"。

LoadBalancer Service 告诉 Kubernetes 为你的云配置一个面向互联网的负载均衡器。它适用于所有主要的云，是将你的应用暴露在互联网上的一种简单方法。

NodePort Service 通过集群中每个工作节点的同一个网络端口来向外暴露应用。我使用的例子将在每个集群工作节点的 `31111` 端口上暴露应用。如果你使用 Docker Desktop，将通过你安装了 Docker Desktop 的主机上的 `localhost` 适配器暴露应用。如果这听起来让你感到困惑，不要担心，我们将通过一个例子来解释它。

首先看一下 Docker Desktop（非云）的例子。

1. Kubernetes 集群不在云上（如 Docker Desktop）时，连接到应用

下面的命令部署了一个名为 `svc-local` 的 Service，该 Service 在本书的 GitHub 仓库根目录下的 `svc-local.yml` 文件中定义。Service 的名称和文件名不必一致，但你必须从 `svc-local.yml`

文件所在的目录中运行该命令：

```
$ kubectl apply -f svc-local.yml
service/svc-local created
```

使用下面的命令来验证该 Service 已经启动和运行：

```
$ kubectl get svc
NAME         TYPE       CLUSTER-IP      EXTERNAL-IP   PORT(S)       AGE
svc-local    NodePort   10.108.72.184   <none>        80:31111/TCP  11s
```

输出显示了如下信息。

该 Service 被称为"svc-local"，已经运行了 11 秒。

CLUSTER-IP 值是内部 Kubernetes Pod 网络上的一个 IP 地址，被集群上运行的其他 Pod 和应用使用。我们将不会连接到这个地址。

由于这是一个 NodePort Service，它可以通过连接到在 PORT(S) 列中指定的 31111 端口上的任何集群工作节点来访问。

你的输出将列出另一个名为 Kubernetes 的 Service，这是由 Kubernetes 内部用于服务发现的。

现在该 Service 正在运行，你可以连接到该应用。

在与你的 Kubernetes 集群相同的机器上打开一个网络浏览器，在导航栏中输入 localhost:31111。如果你使用 Docker Desktop，应该在运行 Docker Desktop 的机器上打开一个浏览器。

警告 在写这节内容的时候，macOS 上的 Docker Desktop 有一个错误，导致 NodePort 无法被映射到 localhost 适配器上。如果你的浏览器不能连接到应用，可能是这个原因导致的。

该网页看起来应当像图 6-4 一样。

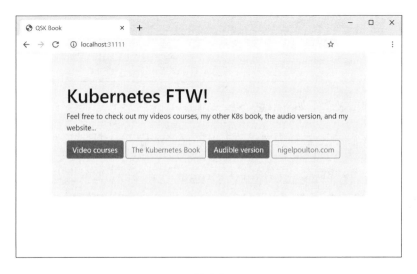

图 6-4

祝贺你，你已经将一个应用容器化，将其部署到 Kubernetes，并连接到它。

2．Kubernetes 集群在云上时，连接到应用

下面的命令部署了一个名为 cloud-lb 的 LoadBalancer Service，该 Service 在本书的 GitHub 仓库根目录下的 svc-cloud.yml 文件中定义（你必须在与该文件相同的目录下执行下面的命令）：

```
$ kubectl apply -f svc-cloud.yml
service/cloud-lb created
```

用下面的命令验证该 Service：

```
$ kubectl get svc
NAME      TYPE         CLUSTER-IP     EXTERNAL-IP    PORT(S)
cloud-lb  LoadBalancer 10.128.29.224  212.71.236.112 80:30956/TCP
```

你也可以运行 `kubectl describe svc <service-name>` 命令来获得更详细的信息。

在设置过程中，你的输出可能会在 `EXTERNAL-IP` 栏显示 `<pending>`。这在一些云平台上可能需要花几分钟。

输出显示了很多，让我来解释一下我们感兴趣的部分。

Service 被创建了，`TYPE` 被正确地设置为 `LoadBalancer`。底层云中的一个面向互联网的负载均衡器已经被配置，并分配了 `EXTERNAL-IP` 栏中所示的 IP 地址 212.71.236.112（你的会有所不同）。负载均衡器正在监听 80 端口（`80:30956/TCP` 字符串的 "80" 部分）。

长话短说，你可以将任何浏览器指向 212.71.236.112 的 80 端口来连接到该应用，如图 6-5 所示。记住，要使用你的环境中的外部 IP 地址。

与本地 Docker Desktop 的例子一样，内部 `CLUSTER-IP` 是供在 Kubernetes 集群内运行的其他应用使用的，而 `PORT(S)` 列中冒号右边的值是该应用通过每个集群工作节点暴露的端口。例如，如果你知道你的集群工作节点的 IP 地址，你可以通过连接到任何工作节点 IP 地址的该端口来连接到该应用。

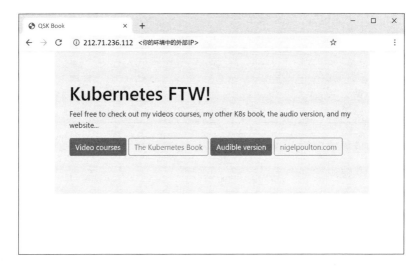

图 6-5

　　祝贺你，你已经将一个应用容器化，将其部署到 Kubernetes，配置了一个面向互联网的负载均衡器，并连接到了该应用。

6.4　清理工作

　　删除 Pod 和 Service，这样你就可以在第 7 章开始时得到一个干净的集群。

　　列出你的集群上的所有 Service，以获得你部署的 Service 的名称：

```
$ kubectl get svc
NAME       TYPE          CLUSTER-IP     EXTERNAL-IP     PORT(S)
cloud-lb LoadBalancer 10.128.29.224 212.71.236.112 80:30956/TCP
...
```

运行以下命令来删除 Service 和 Pod：

```
$ kubectl delete svc cloud-lb
service "cloud-lb" deleted
$ kubectl delete pod first-pod
pod "first-pod" deleted
```

当 Pod 等待应用关闭时，它可能需要几秒钟的时间来终止。请确保使用你环境中的 Service 的名称。

6.5 小结

在本章中，你了解到，如果容器化的应用想在 Kubernetes 上运行，就必须在 Pod 中运行。幸运的是，Pod 是轻量级的结构，这意味着它们不会给你的应用增加开销。

你看到了一个在 YAML 文件中定义的简单 Pod，并学习了如何用 `kubectl apply` 命令将其部署到 Kubernetes。你还学会了如何用 `kubectl get` 和 `kubectl describe` 命令来检查 Pod 和其他 Kubernetes 对象。

最后，你了解到，如果你想连接到 Pod 中运行的应用，需要一个 Kubernetes 的 Service。

到目前为止还不错，你已经构建、部署并连接到了容器化的应用。然而，你还没有看到 Kubernetes 提供的自我修复、扩缩容或任何其他云原生功能。你将在接下来的几章中完成所有这些工作。

第 7 章 增加自我修复

在本章中，你将了解 Kubernetes 的 Deployment 对象，并使用它来实现和演示自我修复。

本章的组织结构如下：

- Kubernetes 的 Deployment 的介绍；

- 从 Pod 故障中自我修复；

- 从工作节点故障中自我修复。

7.1 Kubernetes 的 Deployment 的介绍

在第 6 章中，你了解到 Kubernetes 使用一个专门的 Service 对象来为在 Pod 中运行的应用提供网络连接。它有另一个称为 Deployment 的专用对象，用于提供自我修复（self-healing）。事实上，Deployment 也可以实现扩缩容和滚动更新。

与 Pod 和 Service 对象一样，Deployment 对象也是在 YAML 清单文件中定义的。

图 7-1 显示了一个 Deployment 清单文件。它被做了一些标记，展示了容器是如何嵌套在 Pod 中的，以及 Pod 是如何嵌套在 Deployment 中的。

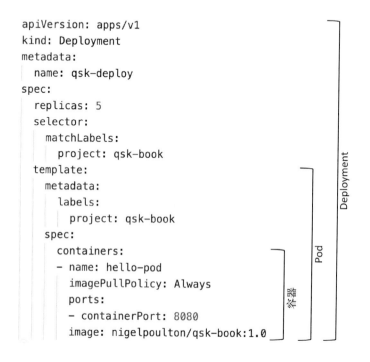

图 7-1

这种嵌套，或者说包装，对于理解一切是如何运作的非常重要。

- 容器提供操作系统和其他应用依赖。

- Pod 提供元数据和其他结构，以便容器在 Kubernetes 上运行。

- Deployment 提供云原生功能，包括自我修复。

Deployment 是如何工作的

有两个元素对 Deployment 的工作很重要:

- Deployment 对象;

- Deployment 控制器。

Deployment 对象是定义应用的 YAML 配置。它规定了运行哪个容器、监听哪个网络端口,以及部署多少个实例(Pod)等事项。

Deployment 控制器是一个控制面板进程,它始终在监控集群,确保所有的 Deployment 对象都按规定运行。

考虑一个非常简单的例子。

假设你在 Kubernetes 的 Deployment 清单中定义了一个应用。它定义了 5 个名为 zephyr-one 的 Pod 实例。你使用 kubectl 将其发送给 Kubernetes,Kubernetes 将 5 个 Pod 调度到集群上。

在这一点上,观察到的状态(observed state)与期望状态(desired state)一致。这是术语,说的是集群正在运行你要求的内容。但是,假设一个工作节点发生故障了,名为 zephyr-one 的 Pod 数量下降到 4 个。观察到的状态不再与期望状态相匹配,此时就出现了状况。

但不要紧张,Deployment 控制器监控着集群,并将看到这一变化。它知道你想要 5 个 Pod,但它只能观察到 4 个。因此,它将启动第 5 个 Pod,使观察到的状态重新与期望状态保持一致,这个过程称为和解(reconciliation)。

让我们通过实践看看它是如何工作的。

7.2 从 Pod 故障中自我修复

在本节中，你将通过 Kubernetes 的 Deployment 来部署一个 Pod 的 5 个副本。之后，你将手动删除一个 Pod 并看到 Kubernetes 的自我修复。

你将使用本书的 GitHub 仓库根目录下的 `deploy.yml` 清单。正如下面的片段所示，它定义了 5 个 Pod 副本，运行你在前几章容器化的应用。下面的 YAML 文件带有注释，以帮助你理解它：

```
kind: Deployment          <<== 被定义的对象类型
apiVersion: apps/v1       <<== 指定对象的版本
metadata:
  name: qsk-deploy
spec:
  replicas: 5             <<== Pod 有多少个副本
  selector:
    matchLabels:          <<== 告诉 Deployment 控制器
      project: qsk-book   <<== 管理哪些 Pod
  template:
    metadata:
      labels:
        project: qsk-book <<== Pod 标签
    spec:
      containers:
      - name: qsk-pod
        imagePullPolicy: Always  <<== 永远不使用本地镜像
        ports:
```

```
    - containerPort: 8080                <<== 网络端口
      image: nigelpoulton/qsk-book:1.0  <<== 包含应用的镜像
```

术语 Pod、实例（instance）和副本（replica）这 3 个术语是指同一样东西——运行容器化应用的 Pod 实例。我通常使用"副本"。

检查已经在你的集群上运行的任何 Pod 和 Deployment：

```
$ kubectl get pods
No resources found in default namespace.
$ kubectl get deployments
No resources found in default namespace.
```

现在使用 `kubectl` 将 Deployment 部署到你的集群（该命令必须从包含 `deploy.yml` 文件的文件夹中运行）：

```
$ kubectl apply -f deploy.yml
deployment.apps/qsk-deploy created
```

检查它所管理的 Deployment 和 Pod 的状态：

```
$ kubectl get deployments
NAME            READY      UP-TO-DATE     AVAILABLE      AGE
qsk-deploy      5/5        5              5              4m

$ kubectl get pods
NAME                        READY   STATUS    RESTARTS   AGE
```

```
qsk-deploy-6999...wv8   0/1    Running   0            4m
qsk-deploy-6999...9nl   0/1    Running   0            4m
qsk-deploy-6999...g8t   0/1    Running   0            4m
qsk-deploy-6999...xp7   0/1    Running   0            4m
qsk-deploy-6999...l7f   0/1    Running   0            4m
```

可以看到，5 个副本都正在运行并准备就绪。Deployment 控制器也在控制面板上运行，监视集群的状态。

Pod 故障

Pod 和它们运行的应用有可能崩溃或发生故障。Kubernetes 可以通过启动一个新的 Pod 来替代失败的 Pod，从而尝试自我修复这样的情况。

使用 `kubectl delete pod` 来手动删除其中一个 Pod（参见你之前使用 `kubectl get pods` 输出的 Pod 名称列表）：

```
$ kubectl delete pod qsk-deploy-69996c4549-r59nl
pod "qsk-deploy-69996c4549-r59nl" deleted
```

一旦 Pod 被删除，集群上的 Pod 数量将下降到 4，不再符合期望状态。Deployment 控制器将注意到这一点，并自动启动一个新的 Pod，使观察到的 Pod 数量恢复到 5。

再次列出 Pod，看看是否有一个新的 Pod 被启动：

```
$ kubectl get pods
NAME                          READY  STATUS   RESTARTS  AGE
```

```
qsk-deploy-69996c4549-mwl7f    1/1    Running    0    20m
qsk-deploy-69996c4549-9xwv8    1/1    Running    0    20m
qsk-deploy-69996c4549-ksg8t    1/1    Running    0    20m
qsk-deploy-69996c4549-qmxp7    1/1    Running    0    20m
qsk-deploy-69996c4549-hd5pn    1/1    Running    0    5s
```

可以看到，有 5 个 Pod 正在运行，Kubernetes 不需要你的帮助就完成了自我修复。

另外，注意列表中的最后一个 Pod 只运行了 5 秒。这是 Kubernetes 为了和解期望状态而启动的替代 Pod。

让我们看看 Kubernetes 是如何处理工作节点故障的。

7.3 从工作节点故障中自我修复

当一个工作节点发生故障时，它上面运行的任何 Pod 都会丢失。如果这些 Pod 是由一个控制器（如 Deployment）管理的，那么替代的 Pod 将在集群中的其他工作节点上启动。

> **注意** 如果你的集群是在实现了节点池的云上，发生故障的工作节点也可能被替换。这是节点池和云基础设施的功能，不是 Deployment 的功能。

只有当你有一个多节点集群，并且有能力删除工作节点时，你才能跟着本节的步骤往下进行。如果你在 Linode Kubernetes Engine 上建立了一个多节点集群，如第 3 章所述，你可以跟着做。如果你使用的是一个单节点的 Docker Desktop 集群，那么你就只能干读。

下面的命令列出了你集群上的所有 Pod 以及每个 Pod 运行的工作节点（该命令的输出已被修剪以适应本书的内容）：

```
$ kubectl get pods -o wide
NAME          READY   STATUS    <Snip>    NODE
qsk...mwl7f   1/1     Running   ...       lke...98
qsk...9xwv8   1/1     Running   ...       lke...98
qsk...ksg8t   1/1     Running   ...       lke...1a
qsk...qmxp7   1/1     Running   ...       lke...1a
qsk...hd5pn   1/1     Running   ...       lke...1a
```

看看这两个工作节点是如何运行多个 Pod 的。下一步将删除一个工作节点并删除它上面运行的所有 Pod。这个例子将删除 `lke...98` 工作节点。

下面的过程演示了如何在 Linode Kubernetes Engines（LKE）上删除一个集群工作节点。以这种方式删除一个工作节点可以模拟工作节点突然发生故障。

（1）在 Linode Cloud Console 中查看你的 LKE 集群。

（2）向下滚动到 `Node Pools`。

（3）点击你的一个工作节点，进入该工作节点。

（4）点击图中 3 个点的按钮，删除该工作节点，如图 7-2 所示。

图 7-2

验证工作节点是否已被删除：

```
$ kubectl get nodes
NAME                STATUS         ROLES         AGE        VERSION
lke...98            READY          <none>        3d1h       v1.18.8
lke...1a            NotReady       <none>        3d1h       v1.18.8
```

如果你过了太长时间才运行此命令，LKE 将替换已删除的工作节点。丢失的工作节点可能需要一两分钟才能显示在命令输出中。

一旦 Kubernetes 发现该工作节点尚未就绪（NotReady），它也会注意到缺少的 Pod，并创建替换。验证一下吧，替换的 Pod 可能需要几秒钟才能达到运行状态。

```
$ kubectl get pods
NAME            READY    STATUS            <Snip>       NODE
qsk...ksg8t     1/1      Running           ...          lke...1a
qsk...qmxp7     1/1      Running           ...          lke...1a
```

```
qsk...hd5pn    1/1    Running             ...    lke...1a
qsk...6bqmk    0/1    ContainerCreating   ...    lke...1a
qsk...ps9nt    0/1    ContainerCreating   ...    lke...1a

<short time lapse>

$ kubectl get deployments
NAME           READY    UP-TO-DATE    AVAILABLE    AGE
qsk-deploy     5/5      5             5            18m
```

输出表明，Kubernetes 已经创建了两个新的 Pod，以取代 lke...98 工作节点被删除后丢失的 Pod。所有的新 Pod 都被调度到 lke...1a 上，因为它是集群中唯一一存活的工作节点。

再过一分钟左右，LKE 就会替换掉被删除的工作节点，使集群恢复到 2 个工作节点。这是 LKE 的一个功能，而不是 Kubernetes 的 Deployment 对象的功能。这是因为 LKE 对节点池的实现有期望状态的概念。当集群被创建时，我要求有两个工作节点。当一个工作节点被删除时，LKE 注意到了状态的变化，并向集群添加了一个新工作节点，以使观察到的状态回到期望状态。

虽然你的集群回到了两个工作节点，但 Kubernetes 不会重新平衡两个工作节点上的 Pod。因此，你最终会得到一个双节点集群，但所有 5 个 Pod 都运行在一个工作节点上。

7.4 小结

在本章中，你了解到 Kubernetes 有一个叫 Deployment 的对象，它实现了几个云原生功能。你了解到有一个在控制面板上运行的 Deployment 控制器，确保集群的当前状态与你要求的一致。

你还看到了 Deployment 是如何包装 Pod spec 的，Pod spec 是如何包装容器的，而容器又是如何容纳应用及其依赖的。

你使用 `kubectl` 通过 Deployment 对象部署应用，并测试了自我修复。你手动破坏了一个 Pod 和一个工作节点，并看着 Kubernetes 修复（替换）任何丢失的 Pod。

Linode Kubernetes Engine 还替换了被删除/破坏的工作节点。这不是 Kubernetes 的 Deployment 的功能，其他云平台也支持属于节点池的工作节点的自我修复。

第 8 章　应用扩缩容

在本章中，你将使用一些方法来增加和减少 Deployment 中 Pod 副本的数量。

你将使用的方法是手动的，需要人去实现。Kubernetes 有一个单独的对象，称为 Horizontal Pod Autoscaler（HPA），用于自动扩缩容。然而，这已经超出了快速入门书的范围。

本章将分成以下几部分：

- 前提条件；

- 应用扩容；

- 应用缩容。

8.1　前提条件

如果你一直跟着步骤做，你会有一个 Kubernetes 集群，运行着你的容器化的应用的 5 个副本，那么你可以直接进入 8.2 节。

如果你没有跟着做，请运行以下命令，将容器化的应用的 5 个

副本部署到你的集群中（请确保从包含 `deploy.yml` 文件的目录
中运行该命令）：

```
$ kubectl apply -f deploy.yml
deployment.apps/qsk-deploy created
```

运行 `kubectl get deployments` 命令以确保应用正在运行：

```
$ kubectl get deployments
NAME            READY      UP-TO-DATE      AVAILABLE      AGE
qsk-deploy      5/5        5               5              4m
```

一旦所有 5 个副本都启动并运行，你就可以进入 8.2 节。

8.2 应用扩容

在本节中，你将手动编辑 Deployment YAML 文件，将副本的
数量增加到 10 个，并重新将其发送给 Kubernetes。

检查当前的副本数量：

```
$ kubectl get deployment qsk-deploy
NAME            READY      UP-TO-DATE      AVAILABLE      AGE
qsk-deploy      5/5        5               5              4h33m
```

编辑 `deploy.yml` 文件，将 `spec.replicas` 字段设置为 10，
并保存你的修改：

```
apiVersion: apps/v1
kind: Deployment
metadata:
  name: qsk-deploy
spec:
  replicas: 5              <<== 将这里改成 10
  selector:
    matchLabels:
      project: qsk-book
<Snip>
```

使用 `kubectl` 将更新的文件重新发送给 Kubernetes。当 Kubernetes 收到该文件时，它将把存储的期望状态从 5 个副本改为 10 个。Deployment 控制器将观察集群上的 5 个副本，并注意到它不符合新的期望状态。它将启动 5 个新副本，使观察到的状态与期望状态一致。

请确保你已经保存了你的修改：

```
$ kubectl apply -f deploy.yml
deployment.apps/qsk-deploy configured
```

运行几个命令来检查 Deployment 的状态和 Pod 的数量：

```
$ kubectl get deployment qsk-deploy
NAME         READY      UP-TO-DATE     AVAILABLE     AGE
qsk-deploy   10/10      10             10            4h43m

$ kubectl get pods
NAME                     READY  STATUS    RESTARTS  AGE
```

```
qsk-deploy-bbc5cf95d-58r44    1/1    Running    0    4h43m
qsk-deploy-bbc5cf95d-6bqmk    1/1    Running    0    4h26m
qsk-deploy-bbc5cf95d-jlrjc    1/1    Running    0    16s
qsk-deploy-bbc5cf95d-n2t2d    1/1    Running    0    16s
qsk-deploy-bbc5cf95d-npk4c    1/1    Running    0    4h43m
qsk-deploy-bbc5cf95d-plcj2    1/1    Running    0    4h43m
qsk-deploy-bbc5cf95d-ps9nt    1/1    Running    0    4h26m
qsk-deploy-bbc5cf95d-vbxx9    1/1    Running    0    16s
qsk-deploy-bbc5cf95d-wpx2h    1/1    Running    0    16s
qsk-deploy-bbc5cf95d-zr2jp    1/1    Running    0    16s
```

额外的 Pod 可能需要几秒钟才能启动，但你可以根据它们的存活时间来识别它们。

如果你按照步骤做了第 7 章中的例子，5 个新 Pod 可能都会被安排在新工作节点上。这证明了 Kubernetes 有足够的智慧来安排新 Pod，使所有 10 个 Pod 在集群中的可用工作节点上得到平衡。

祝贺你！你已经手动将你的应用从 5 个副本扩展到 10 个。

8.3 应用缩容

在本节中，你将使用 `kubectl` 将 Pod 的数量缩减回 5 个。

运行下面的命令：

```
$ kubectl scale --replicas 5 deployment/qsk-deploy
deployment.apps/qsk-deploy scaled
```

检查 Pod 的数量（像往常一样，集群的状态可能需要几秒钟的时间稳定下来）：

```
$ kubectl get pods
qsk-deploy-bbc5cf95d-58r44    1/1    Running    0    4h55m
qsk-deploy-bbc5cf95d-6bqmk    1/1    Running    0    4h37m
qsk-deploy-bbc5cf95d-npk4c    1/1    Running    0    4h55m
qsk-deploy-bbc5cf95d-plcj2    1/1    Running    0    4h55m
qsk-deploy-bbc5cf95d-ps9nt    1/1    Running    0    4h37m
```

祝贺你！你已经手动将你的应用缩减到 5 个副本。

8.4　重要的清理工作

用 kubectl scale 执行扩缩容操作会很危险。

如果你一直跟着步骤做，此时你应该有 5 个副本在集群上运行。然而，deploy.yml 文件仍然定义了 10 个。如果以后你编辑 deploy.yml 文件，指定一个新版本的容器镜像，并重新发送给 Kubernetes，你也会将副本的数量增加到 10。这可能不是你想要的。

在现实世界中，你应该非常小心这一点，因为它可能会导致严重的问题。考虑到这一点，一般来说，只选择一种方法来执行所有的更新操作是一个好主意——要么通过 CLI 要么编辑 YAML 文件。人们普遍倾向于使用后一种方法，即编辑 YAML 文件并将其重新发送给 Kubernetes。

编辑 `deploy.yml` 文件，将副本的数量设为 5，并保存你的修改。现在它与部署到你的集群的内容相匹配。

8.5 小结

在本章中，你学习了如何通过编辑 YAML 文件来手动为 Deployment 扩缩容。你还学习了如何使用 `kubectl scale` 命令进行扩缩容操作。

你看到 Kubernetes 试图在所有集群工作节点上平衡新的 Pod。Kubernetes 还有另一个对象，可以根据需求自动扩缩 Pod。

第 9 章　执行滚动更新

在本章中，你将执行一个零停机时间滚动更新。如果你不确定那是什么，你马上就会知道了。

本章将划分为：

- 前提条件；

- 更新应用。

本章的所有步骤都可以在第 3 章展示的 Docker Desktop 和 Linode Kubernetes Engine（LKE）集群上完成。你也可以使用其他 Kubernetes 集群。

9.1　前提条件

如果你之前的几章一直跟着书中的步骤做，那么请直接跳到 9.2 节。

如果你没有一直跟着做，那么请按照以下步骤来设置你的实验环境。

（1）获得一个 Kubernetes 集群并配置 kubectl（见第 3 章）。

（2）克隆本书的 GitHub 仓库（见第 5 章）。

（3）用下面的命令部署示例应用和 Service。

以下命令需要从包含 YAML 文件的文件夹中执行。

Docker Desktop/本地集群示例如下：

```
$ kubectl apply -f deploy.yml -f svc-local.yml
deployment.apps/qsk-deploy created
service/svc-local created
```

Linode Kubernetes Engine（LKE）/云集群示例如下：

```
$ kubectl apply -f deploy.yml -f svc-cloud.yml
deployment.apps/qsk-deploy created
service/cloud-lb created
```

运行 kubectl get deployments 和 kubectl get svc 命令以确保应用和 Service 正在运行：

```
$ kubectl get deployments
NAME         READY   UP-TO-DATE   AVAILABLE   AGE
qsk-deploy   5/5     5            5           4m

NAME        TYPE       CLUSTER-IP     EXTERNAL-IP   PORT(S)        AGE
svc-local   NodePort   10.128.97.167  <none>        8080:31111/TCP 4m
```

Pod 进入 running 阶段可能需要一分钟，一旦进入该阶段，你就可以进入 9.2 节。

9.2 更新应用

该应用正在以 5 个副本运行，你可以用 kubectl get deployments 验证这一点。

你将配置一个滚动更新，迫使 Kubernetes 以有条不紊的方式每次更新一个副本，直到所有 5 个副本都运行新版本。Kubernetes 提供了很多控制更新的方式，但我尽量简单，你可以自行探索更高级的做法。

你将完成以下步骤。

（1）编辑 deploy.yml 文件，指定一个新版本并配置更新设置。

（2）重新将 YAML 文件发送给 Kubernetes。

（3）观察这个过程。

（4）测试新版本的应用。

9.2.1 编辑 Deployment YAML 文件

打开 deploy.yml 文件，修改最后一行（第 26 行）以引用 1.1 版本的镜像。同时添加 6 行代码（第 10 ~ 15 行），如下所示：

```
 1 apiVersion: apps/v1
 2 kind: Deployment
 3 metadata:
 4   name: qsk-deploy
 5 spec:
 6   replicas: 5
 7   selector:
 8     matchLabels:
 9       project: qsk-book
10   minReadySeconds: 20              <<== 添加这一行
11   strategy:                       <<== 添加这一行
12     type: RollingUpdate           <<== 添加这一行
13     rollingUpdate:                <<== 添加这一行
14       maxSurge: 1                 <<== 添加这一行
15       maxUnavailable: 0           <<== 添加这一行
16   template:
17     metadata:
18       labels:
19         project: qsk-book
20     spec:
21       containers:
22       - name: hello-pod
23         imagePullPolicy: Always
24         ports:
25         - containerPort: 8080
26         image: nigelpoulton/qsk-book:1.1 <<== Set to 1.1
```

我们稍后会解释这些新添加的代码的作用，现在先说关于更新的几个要点。

YAML 非常注重缩进的正确性。因此，请确保你在添加的每一行代码中都缩进了正确的**空格数**。另外，该文件使用空格**而不是制表符**来缩进。你不能在同一个文件中混合使用制表符和空格，所以你**必须使用空格而不是制表符**。

Kubernetes 对驼峰命名法（camelCase）和帕斯卡命名法（PascalCase）的使用也很严格。请确保你对所有文本使用了正确的大小写。

如果你在编辑该文件时遇到问题，本书的 GitHub 仓库中有一个预先完成的版本，文件名为 `rolling-update.yml`，你可以用它来代替。

保存你的修改。

9.2.2 了解更新设置

下一步是将更新的文件发送给 Kubernetes。但先让我解释一下你添加的这几行代码将做什么：

```
10   minReadySeconds: 20
11   strategy:
12     type: RollingUpdate
13     rollingUpdate:
14       maxSurge: 1
15       maxUnavailable: 0
```

第 10 行中的 `minReadySeconds` 告诉 Kubernetes 在更新每个副本后要等待 20 秒。也就是说，Kubernetes 将先更新第一个副本、等待 20 秒、更新第二个副本、等待 20 秒、更新第三个……你明白了吧。

这样的等待让你有机会运行测试，确保新副本按预期工作。在实际情况中，你可能会等待超过 20 秒。

另外，Kubernetes 实际上没有更新副本，它所做的是删除现有的副本，并用一个运行新版本的新副本来代替它。

第 11 行和第 12 行强制 Kubernetes 以滚动更新的方式执行对此 Deployment 的所有更新。

第 14 行和第 15 行强制 Kubernetes 一次更新一个 Pod，运行机制是：第 14 行允许 Kubernetes 在更新操作中增加一个额外的 Pod，我们有 5 个 Pod，所以 Kubernetes 可以在更新期间将其增加到 6 个；第 15 行防止 Kubernetes 在更新期间减少 Pod 的数量，我们要求的是 5 个 Pod，所以 Kubernetes 不允许比这更少。结合起来，第 14 行和第 15 行迫使 Kubernetes 每次更新（替换）一个 Pod。

9.2.3　执行滚动更新

确保你已经保存了修改，并将更新的文件发送给 Kubernetes：

```
$ kubectl apply -f deploy.yml
deployment.apps/qsk-deploy configured
```

Kubernetes 现在将开始替换 Pod，每次替换一个，每次替换之间有 20 秒的等待时间。

9.2.4 监控和检查滚动更新

你可以用以下命令监控工作的进展（为适应页面大小，只截取了部分输出）:

```
$ kubectl rollout status deployment qsk-deploy
Waiting for rollout to finish: 1 out of 5 have been updated...
Waiting for rollout to finish: 1 out of 5 have been updated...
Waiting for rollout to finish: 2 out of 5 have been updated...
Waiting for rollout to finish: 2 out of 5 have been updated...
Waiting for rollout to finish: 3 out of 5 have been updated...
Waiting for rollout to finish: 3 out of 5 have been updated...
Waiting for rollout to finish: 4 out of 5 have been updated...
Waiting for rollout to finish: 4 out of 5 have been updated...
Waiting for rollout to finish: 2 old replicas are pending termination...
Waiting for rollout to finish: 1 old replicas are pending termination...
deployment "qsk-deploy" successfully rolled out
```

你也可以将你的网络浏览器指向该应用，并不断刷新页面。你的一些请求将显示应用的原始版本，另一些请求将显示新版本。一旦所有 5 个副本都是最新的，所有的请求都会返回新版本，如图 9-1 所示。

祝贺你！你已经成功完成一个应用的滚动更新。

图 9-1

9.3 清理工作

本书的主要内容就讲到这里。祝贺你！你现在对 Kubernetes 和云原生已经有了基本的了解。

下面的命令演示了如何从你的集群中删除 Deployment 和 Service（请确保为你的集群使用正确的 Service 名称）：

```
$ kubectl delete deployment qsk-deploy
deployment.apps "qsk-deploy" deleted

$ kubectl delete svc cloud-lb
service "cloud-lb" deleted
```

如果你的集群在云上，当你不再需要集群的时候，一定要删除它。不这样做将产生不必要的费用。

9.4 小结

在本章中，你学习了如何对通过 Kubernetes Deployment 对象部署的应用执行滚动更新。

你编辑了部署 YAML 文件，并添加了控制滚动更新流程的指令。你修改了应用镜像的版本，并将更新后的配置发送给 Kubernetes。你还监控并验证了这一操作。

第 10 章　下一阶段的学习

祝贺你读完了这本书，我真的希望它对你有帮助。

如果你读完了这本书，并跟着完成了书中的例子，那么你已经掌握了基本知识，可以准备进行下一阶段的学习。

这里有一些建议。是的，我推荐了一堆我自己的东西。但事实是：

- 如果你喜欢这本书，你也会喜欢我的其他东西；

- 我超级忙，没有机会阅读和测试其他人的东西。

当然，如果你不喜欢这本书，我很遗憾，你可能也不会喜欢我的其他作品。请随时与我联系，告诉我你不喜欢的地方。

10.1　其他书籍

我的另一本书《Kubernetes 修炼手册》在亚马逊上经常被列为畅销书，并且是所有关于 Kubernetes 的书籍中亚马逊星级最高的（如图 10-1 所示）。它的写作风格与本书相同，但涵盖的内容更多、

更详细。它每年都会更新，所以如果你买了它，你就知道你得到的
是最新和最棒的。

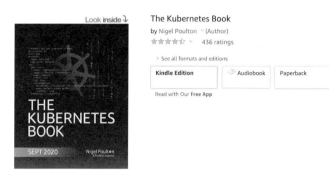

图 10-1

还有一个音频版本，听众的反馈很不错。

还有一本克林贡（Klingon）版的《Kubernetes 修炼手册》！这
个版本的封面是用克林贡语写的（如图 10-2 所示），并有特别的介
绍。书的其余部分是英文的。如果你喜欢《星际迷航》，务必入手
一本。

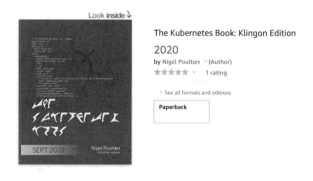

图 10-2

10.2 视频课程

我是视频课程的超级粉丝，通过视频解释事情要容易得多，也更有趣。

我推荐以下这些课程，这两个平台通常都有优惠，你可以先试后买。

- Docker and Kubernetes: The Big Picture（Pluralsight 官方网站）。

- Getting Started with Docker（Pluralsight 官方网站）。

- Getting Started with Kubernetes（Pluralsight 官方网站）。

- Kubernetes Deep Dive（A Cloud Guru 官方网站）。

你可以在我的个人网站上看到我的所有视频课程的清单。

10.3 社区活动

我是社区活动的超级粉丝。我更喜欢现场活动。不过，在过去一两年里，我们也有一些不错的直播活动。

我最喜欢的现场活动是 KubeCon，如果你能参加，我强烈建议你参加。

我也推荐当地的社区聚会。只要用搜索引擎搜索一下，你就能找到你所在地的聚会。

10.4 建立联系

我对技术很感兴趣，我喜欢与读者联系。虽然我不能提供免费的技术支持，但如果你被基础知识卡住了，我很乐意帮忙。请不要害怕接触和联系，我是个很好的人。

请随时通过推特、领英或者我的个人网站联系我。

10.5 友情评价

如果你能在亚马逊上给这本书留下评论和星级评价（即使不是五星评价），我会很高兴。即使你从其他地方得到本书，也可以在亚马逊上留下评论。

祝你健康长寿，事业有成。再见！

附录　实验代码

本附录包含了书中所有的实验练习，按顺序排列。它假定你已经有一个 Kubernetes 集群，安装了 Docker，安装了 git，并配置了 kubectl 来与你的集群交互。

编写本附录的目的是让你更容易通过本附录进行额外的实践练习。如果你想记住某个特定的命令或例子，但不记得是哪一章的内容，它也很有用。

第 5 章的实验代码

克隆本书的 GitHub 仓库：

```
$ git clone https://github.com/nigelpoulton/qsk-book.git
Cloning into 'qsk-book'...
```

进入 qsk-book/App 目录，运行 ls 命令，列出其内容：

```
$ cd qsk-book/App
```

```
$ ls
Dockerfile      app.js        bootstrap.css
package.json    views
```

运行下面的命令，将应用构建成一个容器镜像（你必须在 App 目录下运行该命令。如果你有 Docker Hub 账户，确保使用你自己的 Docker ID）：

```
$ docker image build -t nigelpoulton/qsk-book:1.0 .

[+] Building 66.9s (8/8) FINISHED              0.1s
<Snip>
=> naming to docker.io/nigelpoulton/qsk-book:1.0    0.0s
```

验证镜像在你的本地机器上：

```
$ docker image ls
REPOSITORY            TAG   IMAGE ID      CREATED        SIZE
nigelpoulton/qsk-book 1.0   e4477597d5e4  3 minutes ago  177MB
```

将镜像推送到 Docker Hub（这个步骤只在你有 Docker Hub 账户的情况下才会起作用。记住要替换成你的 Docker Hub ID）：

```
$ docker image push nigelpoulton/qsk-book:1.0

f4576e76ed1: Pushed
ca60f24a8154: Pushed
0dcc3a6346bc: Mounted from library/node
```

```
6f2e5c7a8f99: Mounted from library/node
6752c6e5a2a1: Mounted from library/node
79c320b5a45c: Mounted from library/node
e4b1e8d0745b: Mounted from library/node
1.0: digest: sha256:7c593...7198f1 size: 1787
```

第 6 章的实验代码

列出你的 Kubernetes 集群中的工作节点：

```
$ kubectl get nodes
NAME                          STATUS   ROLES     AGE    VERSION
1ke16405-20053-5ff63e4400b7   Ready    <none>    5m     v1.18.8
1ke16405-20053-5ff63e446413   Ready    <none>    5m     v1.18.8
```

下面的命令需要在本书的 GitHub 仓库根目录下运行。如果你目前在 App 目录下，需要运行 “cd..” 命令来回溯到上一级。

部署 pod.yml 中定义的应用：

```
$ kubectl apply -f pod.yml
pod/first-pod created
```

检查 Pod 是否正在运行：

```
$ kubectl get pods
NAME            READY      STATUS       RESTARTS     AGE
```

```
first-pod    1/1       Running      0          8s
```

获取有关运行中的 Pod 的详细信息（这里只截取了部分输出）：

```
$ kubectl describe pod first-pod

Name:           first-pod
Namespace:      default
Node:           docker-desktop/192.168.65.3
Labels:         project=qsk-book
Status:         Running
IPs:
  IP: 10.1.0.11
<Snip>
```

部署 Service（如果你在你的笔记本电脑上运行一个集群，使用 svc-local.yml；如果你的集群在云上，则使用 svc-cloud.yml）：

```
$ kubectl apply -f svc-cloud.yml
service/cloud-lb created
```

检查 Service 的外部 IP（公共 IP）（你的 Service 只有在云上运行时才会有一个外部 IP）：

```
$ kubectl get svc
NAME       TYPE           CLUSTER-IP      EXTERNAL-IP      PORT(S)
cloud-lb   LoadBalancer   10.128.29.224   212.71.236.112   80:30956/TCP
```

你可以通过浏览器连接到该应用。要获取详细信息，参见第 6 章。

运行以下命令来删除 Service 和 Pod：

```
$ kubectl delete svc
cloud-lb service "cloud-lb" deleted

$ kubectl delete pod first-pod
pod "first-pod" deleted
```

第 7 章的实验代码

运行以下命令来部署 deploy.yml 中指定的应用：

```
$ kubectl apply -f deploy.yml
deployment.apps/qsk-deploy created
```

检查它所管理的 Deployment 和 Pod 的状态：

```
$ kubectl get deployments
NAME         READY   UP-TO-DATE   AVAILABLE   AGE
qsk-deploy   5/5     5            5           4m

$ kubectl get pods
NAME                  READY   STATUS    RESTARTS   AGE
qsk-deploy-6999...wv8  0/1     Running   0          4m
qsk-deploy-6999...9nl  0/1     Running   0          4m
```

```
qsk-deploy-6999...g8t    0/1    Running    0    4m
qsk-deploy-6999...xp7    0/1    Running    0    4m
qsk-deploy-6999...l7f    0/1    Running    0    4m
```

删除其中一个 Pod（你的 Pod 名字会有不同）：

```
$ kubectl delete pod qsk-deploy-69996c4549-r59nl
pod "qsk-deploy-69996c4549-r59nl" deleted
```

列出 Pod，看一下 Kubernetes 是否自动启动新的 Pod：

```
$ kubectl get pods
NAME                            READY   STATUS    RESTARTS   AGE
qsk-deploy-69996c4549-mwl7f     1/1     Running   0          20m
qsk-deploy-69996c4549-9xwv8     1/1     Running   0          20m
qsk-deploy-69996c4549-ksg8t     1/1     Running   0          20m
qsk-deploy-69996c4549-qmxp7     1/1     Running   0          20m
qsk-deploy-69996c4549-hd5pn     1/1     Running   0          5s
```

第 8 章的实验代码

编辑 deploy.yml 文件，将副本的数量从 5 个改为 10 个。**保存你的修改。**

重新发送 Deployment 到 Kubernetes：

```
$ kubectl apply -f deploy.yml
deployment.apps/qsk-deploy configured
```

检查 Deployment 的状态：

```
$ kubectl get deployment qsk-deploy
NAME            READY     UP-TO-DATE      AVAILABLE     AGE
qsk-deploy      10/10     10              10            4h43m
```

用 kubectl scale 为应用缩容：

```
$ kubectl scale --replicas 5 deployment/qsk-deploy deployment.apps/
qsk-deploy scaled
```

检查 Pod 的数量：

```
$ kubectl get pods
qsk-deploy-bbc5cf95d-58r44    1/1    Running    0    4h55m
qsk-deploy-bbc5cf95d-6bqmk    1/1    Running    0    4h37m
qsk-deploy-bbc5cf95d-npk4c    1/1    Running    0    4h55m
qsk-deploy-bbc5cf95d-plcj2    1/1    Running    0    4h55m
qsk-deploy-bbc5cf95d-ps9nt    1/1    Running    0    4h37m
```

编辑 deploy.yml 文件，将副本的数量设为 5，**保存你的修改**。

第 9 章的实验代码

编辑 deploy.yml 文件，将镜像版本从 1.0 改为 1.1。

在 spec 部分添加以下几行：

```
minReadySeconds: 20
strategy:
  type: RollingUpdate
  rollingUpdate:
maxSurge: 1
  maxUnavailable: 0
```

保存修改。

将更新的 YAML 文件发送给 Kubernetes：

```
$ kubectl apply -f deploy.yml
deployment.apps/qsk-deploy configured
```

检查滚动更新的状态：

```
$ kubectl rollout status deployment qsk-deploy
Waiting to finish: 1 out of 5 new replicas have been updated...
Waiting to finish: 1 out of 5 new replicas have been updated...
Waiting to finish: 2 out of 5 new replicas have been updated...
<Snip>
```

通过删除 Deployment 和 Service 对象进行清理：

```
$ kubectl delete deployment qsk-deploy
deployment.apps "qsk-deploy" deleted

$ kubectl delete svc cloud-lb
service "cloud-lb" deleted
```

术语表

本术语表定义了本书中最常见的一些与 Kubernetes 相关的术语。这里只介绍书中用到的术语，如果需要更全面的关于 Kubernetes 的术语表，参见《Kubernetes 修炼手册》。

如果你认为我遗漏了什么重要的东西，请随时通过推特、领英或者我的个人网站联系我。

像往常一样，我知道有些人热衷于他们自己对技术术语的定义。我对此没有意见，我也没有说我的定义比其他人的更好——仅供参考。

术语	定义
API 服务器 （API server）	Kubernetes 控制面板的一部分，在主节点上运行。所有与 Kubernetes 的通信都通过 API 服务器进行。kubectl 命令和响应都通过 API 服务器进行
容器 （container）	一个被打包到 Docker 或 Kubernetes 上运行的应用。作为一个应用，每个容器都是一个虚拟操作系统，有自己的进程树、文件系统、共享内存等

术语	定义
云原生 （cloud-native）	这是一个很有意义的术语，对不同的人意味着不同的事情。我个人认为，如果一个应用能够自我修复、按需扩缩容、执行滚动更新和回滚，那么它就是云原生的。它们通常是微服务应用，在 Kubernetes 上运行
容器运行时 （container runtime）	在每个集群工作节点上运行的低层次软件，负责拉取容器镜像，并启动和停止容器。最著名的容器运行时是 Docker，然而，containerd 正在成为 Kubernetes 使用的最流行的容器运行时
控制器 （controller）	作为和解循环运行的控制面板进程，监控集群并做出必要的改变，使观察到的集群的状态与期望状态相匹配
集群存储 （cluster store）	控制面板的功能，保存集群和应用的状态
部署 （Deployment）	部署和管理一组无状态 Pod 的控制器。执行滚动更新和回滚，并能自我修复
期望状态 （desired state）	集群和应用应该是什么样子。例如，一个应用的微服务的期望状态可能是 5 个 xyz 容器的副本，均监听 8080/tcp 端口
K8s	Kubernetes 的简写方式。8 代替了 Kubernetes 中"K"和"s"之间的 8 个字符。发音为"kates"，这也是人们开玩笑说 Kubernetes 的女朋友叫 Kate 的原因
kubectl	Kubernetes 命令行工具。向 API 服务器发送命令并通过 API 服务器查询状态

续表

术语	定义
kubelet	在每个集群工作节点上运行的主要的 Kubernetes 代理。它监视 API 服务器以获取新的工作分配并维护一个报告通道
标记 （label）	应用于对象以进行分组的元数据。例如，Service 根据匹配的标记将流量发送给 Pod
清单文件 （manifest file）	持有一个或多个 Kubernetes 对象的配置的 YAML 文件。例如，Service 清单文件通常是一个 YAML 文件，其中包含一个 Service 对象的配置。当你将清单文件发给 API 服务器时，其配置将被部署到集群中
主节点 （master node）	运行控制面板服务的集群工作节点，它是 Kubernetes 集群的大脑。你应该部署 3 个或 5 个来实现高可用性
微服务 （microservice）	现代应用的一种设计模式。应用功能被分解成各自的小应用（微服务/容器），并通过 API 进行通信。它们一起工作，形成一个有用的应用
工作节点 （worker node）	集群中运行用户应用的节点。必须运行 kubelet 进程和一个容器运行时
观察到的状态 （observed state）	也被称为当前状态或实际状态，即集群和运行中的应用的最新状态
编排器 （orchestrator）	一款用于部署和管理微服务应用的软件。Kubernetes 是基于容器的微服务应用事实上的编排器
Pod	一个轻量级包装器，使容器能够在 Kubernetes 上运行。在一个 YAML 文件中定义

续表

术语	定义
和解循环 （reconciliation loop）	一个控制器进程，它通过 API 服务器监视集群的状态，确保观察到的状态与期望状态一致。Deployment 控制器就是作为一个和解循环在运行的
服务 （Service）	"S" 大写。Kubernetes 对象，为在 Pod 中运行的应用提供网络访问。可以与云平台整合并提供面向互联网的负载均衡器
YAML	另一种标记语言。Kubernetes 的配置文件是用这种配置语言编写的